钩针编织

基础教程

顾嬿婕 编著

回归线教研组 主编

上海科学技术出版社

U0279075

图书在版编目（CIP）数据

钩针编织基础教程 / 顾嬿婕编著 ；回归线教研组主编． -- 上海 ：上海科学技术出版社，2024.4
ISBN 978-7-5478-6561-3

Ⅰ．①钩… Ⅱ．①顾… ②回… Ⅲ．①钩针—编织—教材 Ⅳ．①TS935.521

中国国家版本馆CIP数据核字（2024）第050059号

————————————————————————————————

特约顾问：刘　欣
回归线教研组：黄　磊　张　群　曹　莉　顾　敏　杨　晔
　　　　　　　刘　超　邹　丽　姜纬伦　孙聪俐
电脑绘图：邓歆红　夏明丽
插　　画：李世茏　纸　鸢

钩针编织基础教程
顾嬿婕　编著
回归线教研组　主编

上海世纪出版（集团）有限公司
上海 科 学 技 术 出 版 社　出版、发行
（上海市闵行区号景路159弄A座9F-10F）
邮政编码 201101　　www.sstp.cn
上海雅昌艺术印刷有限公司印刷
开本 889×1194　1/16　印张 10.5
字数 300 千字
2024 年 4 月第 1 版　2024 年 4 月第 1 次印刷
ISBN 978-7-5478-6561-3/TS·261
定价：88.00 元

————————————————————————————————

本书如有缺页、错装或坏损等严重质量问题，请向工厂联系调换

前　言

手工编织从一种劳动技能，逐渐演变成为手工爱好者与织物灵魂碰撞的一场治愈之旅；它不仅是一门手艺，更是一种情感和艺术相融合的载体，寄托着织者们无需言语陈述的热爱；它从古老的岁月中走来，历经传承与演变，让经典焕发新生。每一针，都是非遗的传承，每一线，都是文化的延续；在针与线交织的曼妙时光里，艺术与生活更加融合，双手与毛线的触碰之下，线圈在手中变幻成美妙的织物，仿佛破茧成蝶。

缘起

回归线作为手工编织具象化传承者，以十年光阴跻身为手编慢生活的领先品牌，始终坚持简单、自然、朴素的品牌理念，从手编纱线开始到手编材料包，从手艺成品等周边小物到编织课堂，旨在给现代社会忙碌拼搏的人们提供一种新的纾缓压力、享受生活的方式，在编织中感受慢生活的乐趣，与更多的编织爱好者交流、分享编织的技巧和心得。正是坚守这样的初心，回归线一直希望着能为手工编织爱好者，乃至手工编织行业作出一份自己的贡献，这也是品牌的使命和责任。

2021 年有幸请到顾嬿婕老师担任编织顾问，并组建回归线教研组，共同策划、组织、编写了《质趣志》系列编织图书，在此过程中克服了一系列困难，也充分感受到了国内编织爱好者的无限热情。同时有感于国内的编织产业已经发展了很多年，编织圈也是高手如云，只是我们的编织技艺主要以口口相传的方式传播，少见全面、系统提升编织技能的本土编织教程。如果能编写一套编织技法的学习和练习用书，或许能为编织这门手工艺术的继承和发扬尽一份力量。于是，合作出版《钩针编织基础教程》的想法就此产生。

孕育

顾嬿婕老师从小受母亲的影响，学生时代便开始接触编织，后来又跟随国内外编织名家、大师学习编织技法，此后将自己多年的编织心得和编织知识结合起来，经过近十年的编织教学实践，教学相长、举一反三、融会贯通，形成了自己的编织风格和教学理念，并在国内编织圈享有一定的知名度。特别是2021年以来，顾老师研究多年的自创钩针技法"嬿兮整花一线连"设计作品陆续成书出版，《嬿兮整花一线连》系列图书一上市就获得广大编织爱好者的好评，成为热门畅销编织读物。多年的编织教学和设计经验，以及编织图书的出版经验，顾老师对《钩针编织基础教程》编写工作是非常有信心的。

经过前期的反复商讨和论证，书稿的编写工作终于在2023年初正式"破土动工"。总体规划、设计、编写由顾嬿婕老师负责，确定了目录和框架后，团队成员分工合作。顾敏、张群、曹莉、黄磊（排名不分先后）分别负责不同章节的作品设计与编织，邓歆红、夏明丽负责AI编织图解绘制，曹莉负责教程页教学示范，杨晔负责编织过程的图片拍摄，孙聪俐负责作品的图片拍摄……大家群策群力、齐心协力，只为呈现最佳的效果。

诞生：关于本书

经过反反复复地修改，夜以继日精益求精地完善，《钩针编织基础教程》终于要和读者见面了。本书从工具准备部分开始，全面而简洁地概述了钩针和毛线的相关基础知识，之后分8个课程，逐步开展学习。内容上不但有锁针、短针、引拔针、长针、枣形针、爆米花针、拉针等基础针法和它们的变形针法，还涉及方眼编、网眼编、祖母方块等技法的应用，以及花片的拼接方法等，辅以丰富的实践作品，帮助读者熟练掌握各种技法之后，进一步拥有自由创作的能力。

在形式编排上，每课从针法的基础知识、编织符号、针法变化等开始入手，图文结合、一步一步分解编织过程，再通过织片练习、课堂练习和课后练习，多维度、多层级巩固和提高。其中，织片练习帮助读者快速掌握本课基础针法；课堂练习是本课基础针法的应用，以简单小物为主，帮助学习者提高学习兴趣，同时更容易获得成就感；课后练习则是进一步的提升，设置了不同难度的作品，帮助学有余力的读者复习巩固，更能提高编织技能，夯实基础。

60种针法的详细演示和图解，35课专项练习，读者可以根据自己的实际情况，循序渐进地学习。如果您是从零起步的初学者，这里有全面系统的讲解；如果您是稍有基础的爱好者，书中大量的练习可以帮助您巩固和提高；如果您已稍有技巧，书中原创设计的27个作品，如配饰小物、家居装饰、衣帽手套，线材的组合和搭配方式，能为您的自主设计提供一些借鉴……相信本书能为不同需求的读者提供丰富的编织指导和帮助。

由于是第一次编写这样全面的教程，工作量庞大，过程也甚为艰辛，虽然希望尽善尽美，但终究不能顾及周全，书中疏漏、失误之处难免。怀着一颗与更多编织爱好者一起交流学习的初心，欢迎编织同行们批评指正。

最后，希望各位编织爱好者能在这场专业学习的编织修行中，找回忙碌又喧嚣的生活中遗失的那份宁静。和我们一起品味手编慢生活的艺术与乐趣，织就属于自己的那份精彩吧！

目　录

工具和准备

Lesson **1**
锁针、短针、引拔针

Lesson **2**
长针和方眼编

作品索引

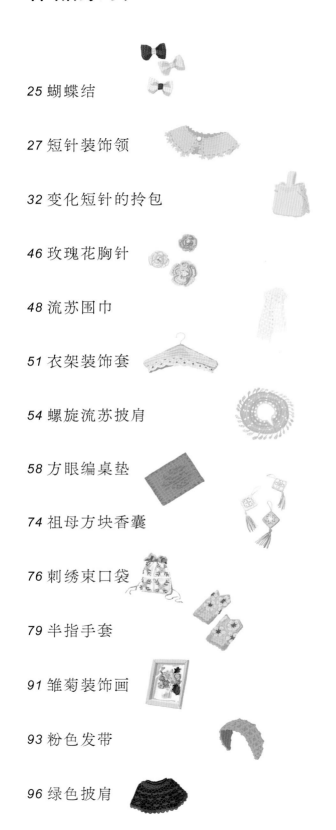 

工具和准备

钩针

钩针是编织工具的一种，因其端头有钩，故称为钩针。通过端头的钩挂线后做引拔，可钩织出各种不同的花样。钩针的材质有金属、竹、木、塑料等多种。这些都可根据个人使用习惯和喜好进行选择。钩针型号以针轴的粗细为区分，针轴越粗，针头越大，适合的毛线就越粗。目前，将针轴直径 1.75mm 的钩针标记为 0 号钩针。常见的钩针类型有普通钩针、蕾丝钩针、超粗钩针。

─[钩针的种类]─

普通钩针

针轴大于 0 号钩针（1.75mm）的称为普通钩针，常用的有 2/0 ~ 10/0 号，数字越大针头越粗。

▶ 2/0 号（2.0mm）

▶ 3/0 号（2.3mm）

▶ 4/0 号（2.5mm）

▶ 5/0 号（3.0mm）

▶ 6/0 号（3.5mm）

▶ 7/0 号（4.0mm）

▶ 7.5/0 号（4.5mm）

▶ 8/0 号（5.0mm）

▶ 9/0 号（5.5mm）

▶ 10/0 号（6.0mm）

蕾丝钩针

针轴小于等于 0 号钩针（1.75mm）的称为蕾丝钩针，常用的有 0 ~ 10 号，数字越大针头越细。

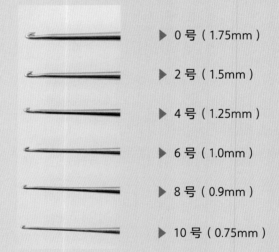

▶ 0 号（1.75mm）

▶ 2 号（1.5mm）

▶ 4 号（1.25mm）

▶ 6 号（1.0mm）

▶ 8 号（0.9mm）

▶ 10 号（0.75mm）

超粗钩针

针轴大于 6mm，常用的有 7mm、8mm、10mm。

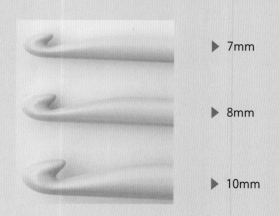

▶ 7mm

▶ 8mm

▶ 10mm

线材

随着科技的进步，线材的种类也是越来越丰富。按照线材的成分可以分为毛、棉、丝、麻，以及一些其他材质，如化纤类、纸藤类等；按照线材的外观形态分，除了传统的纱线，还有段染线、彩点线、竹节线、羽毛线、灌芯线、编带线等，各种不同外形的线材，更加丰富了编织物的造型。

按照线材的成分分类

毛　羊毛线是针织线中的佼佼者，保暖、厚实是羊毛线的基本特性。只是普通羊毛线未经特殊工艺处理，过度水洗或水温过高都会导致缩水毡化，所以建议手洗轻压，不要搓揉，中低温熨烫，平铺晾干。如今线材的种类越来越丰富，除了羊毛外还有其他动物毛的毛线。

山羊绒　被誉为动物纤维中的软黄金，比起普通羊毛更加柔软、细腻、亲肤、保暖，也更加"娇贵"，是传统高档毛衫首选的线材。

棉　棉花是世界上最主要的经济作物之一，产量大、性价比高。棉线不但经济实用、柔软亲肤、吸湿透气，还耐洗耐磨，因此柔软的棉线也成为宝宝衣物的最佳选择。

麻　麻线吸湿性强、散热快、耐摩擦，手感相对粗糙，因其特有的风格，特别适合制作（编织）夏季衣物。目前，麻织物越来越受到人们的青睐。

丝　蚕丝在我国的使用已有上千年的历史，与羊毛一样是天然的动物纤维，自古都是极高档的材质。蚕丝不但轻柔、光滑、细腻，而且冬暖夏凉，有良好的吸湿、散湿、透气性。但是蚕丝线也相对"娇贵"，日常洗护需更加小心呵护。

纸绳　一种新型环保纤维产品，编织效果类似藤编，但色彩更鲜艳，触感更柔和。

段染线

线材上呈线两种或两种以上不同颜色，使织物因不同的编织方式呈现不同的色彩效果，新颖独特。

彩点线

线材上有均匀或不均匀分布的彩色球点。

竹节线

线材的粗细并不是均匀的，而是类似竹节般，有规律或无规律的或粗或细。

羽毛线

线材自身包裹着绒线，织物呈现类似羽毛状的蓬松效果。

灌芯线

线材有"芯"和"皮"两部分，更粗更软，织物更富有弹性。

编织带

线材自身由更细的纱线经过特殊工艺纺制而成，有新颖的外部形态和更强的牢固度。

—[线与钩针的关系]—

线的粗细一般与钩针的型号相匹配，这里列举常规的组合与搭配方式作为参考。当然，实际操作中还是要根据自己的需要调整。

线的粗细	线的直径	推荐钩针号
极细	约 0.8mm	4 号（1.25mm）
细	约 1mm	0 号（1.75mm）
中细	约 1.2mm	4/0 号（2.5mm）
粗	约 2mm	5/0 号（3.0mm）
中粗	约 3mm	6/0 号（3.5mm）
极粗	约 5mm	8/0 号（5.0mm）

不同材质、不同粗细毛线的织片效果

不同材质、不同粗细毛线的编织效果如万花筒一般，变化无穷。

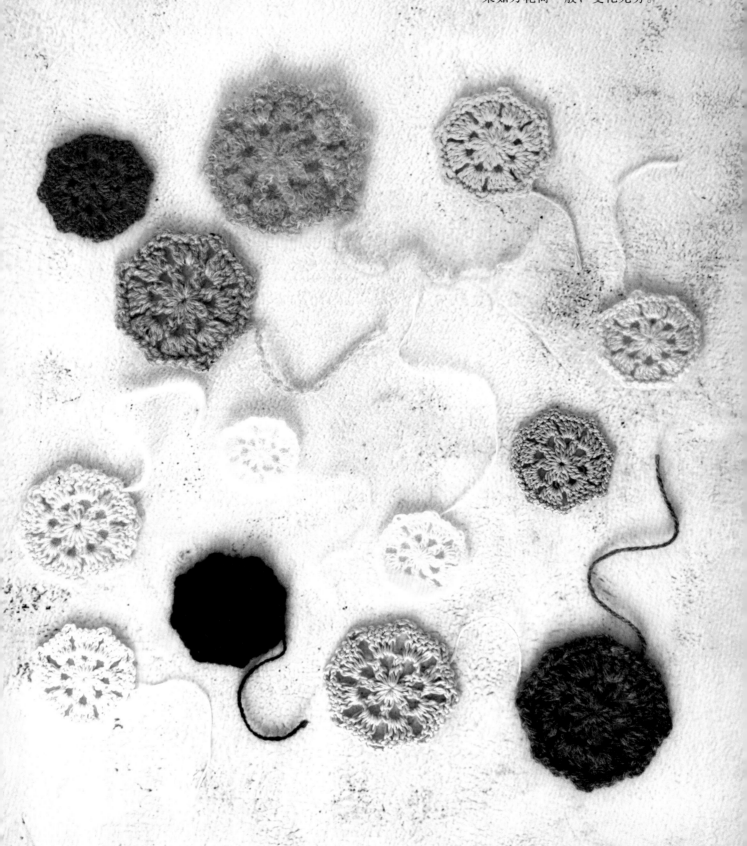

其他工具

卷尺
测量织片的尺寸。

毛线缝针
比一般的缝针的针鼻
更大，方便穿线。

剪刀
前端较细，方便断线。

记号别针
标记开头、换行或
者其他特殊位置。

线的标签及说明

线材的标签上有成分说明、洗涤提示、推荐的标准编织密度等，特别是高档线材，要特别注意洗涤标识，做到恰当维护。

※ 标签识读

（以回归线"锦颜"的标签为例）

手编线

锦颜·批号2208 ————————— 线材名称

LYW-22008-08 ————————— 产品批号（注：不同批次会有色差，尽量使用同批次的线）

紫竹梅 ————————— 颜色

60% 美利奴羊毛 40% 桑蚕丝 ——— 成分标识

50±1g / 230±8m ————————— 每卷的克重和长度米数

洗涤标识（一般包括水洗、漂白、干燥、熨烫和干洗建议）

贮藏方法：干燥环境下存放 ———— 储存建议

10cm×10cm织片 50行·26针 ——— 推荐的标准编织密度

棒针:3.0mm 钩针:2.5mm ———— 推荐使用的棒针和钩针型号

编织密度：
指 10cm × 10cm 的正方形织片内的行数和针目数（无特殊说明，标签指的是使用推荐棒针下针编织时的数据）

※ 线材常见的洗涤标识

			口	—	
手洗，最高洗涤水温 40℃	常规机洗，最高洗涤水温 40℃	不可漂白	悬挂晾干	平摊晾干	在阴凉处平摊晾干

不可翻转干燥	熨斗底板最高温度 110℃	不可熨烫	不可干洗	常规干洗	柔和干洗

针和线的使用方法

每个人的手法姿势可能不尽相同，但正确的姿势会让你的效率更高，同时降低疲劳感。

─[抽取毛线的四种方法]─

圆柱形毛线团，线头从内部抽取。

面包圈状毛线团，线头从内部抽取。

内有硬纸芯毛线团，线头从外部抽取。

宝塔形硬纸芯毛线团，线头从外部抽取。

─[拿针挂线的姿势]─

左手挂线

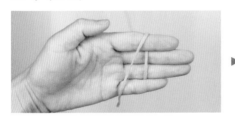  

线头留出 10cm 左右，绕过食指，再绕到小指背面。

连着毛线团的一端在小指上绕个圈。

拇指和食指捏住线头的一端。

右手拿针　　　　　　　**开始编织的手势**

 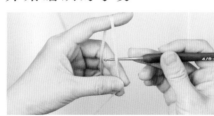

─[毛线缝针的穿针方法]─

线头折叠夹住毛线缝针。

卡紧线头折叠处，向下抽出毛线缝针。

把折叠处的毛线尽量捏得薄些，穿入针鼻。

穿过针鼻后，拉出线头，线就穿好了。

锁针、短针、引拔针

锁针

锁针是钩针编织中最基本的针法，也是钩针编织起针的基础。针目连在一起像一条锁链，所以叫锁针，也叫辫子针。

与下一个针目相连

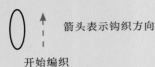

箭头表示钩织方向

开始编织

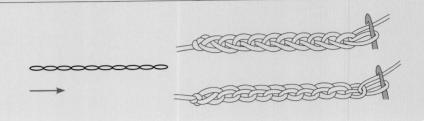

锁针正面

端头收紧
（不计入针目）

上半针　下半针　1 个针目

端尾
（不计入针目）

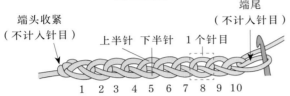

1　2　3　4　5　6　7　8　9　10

1 个锁针圈形成 1 个针目。锁针圈的 1 侧叫半个针目，分别叫"上半针"和"下半针"。端头收紧的这 1 针不计入针目。端尾的线圈不计入针目。

锁针背面

里山

1 个针目

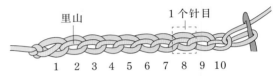

1　2　3　4　5　6　7　8　9　10

中间鼓起的这条线像脊梁一样，称作"里山"。

锁针的钩织方法

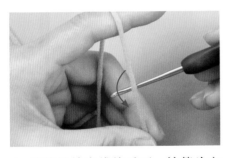

1 将钩针放在线的后面，按箭头方向（逆时针）绕线。

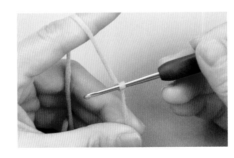

2 逆时针方向转动绕线后。

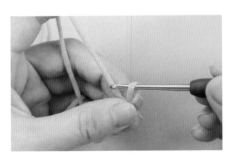

3 用左手拇指和中指捏住线圈交叉处。

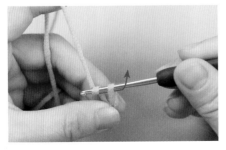

4 钩针挂线，按箭头方向拉出。

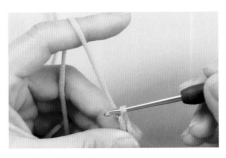

5 拉出线圈后。

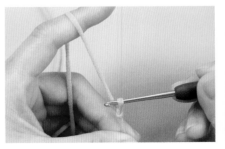

6 用左手拇指和中指收紧下方的线头，完成锁针的端头针目（不计入针目）。

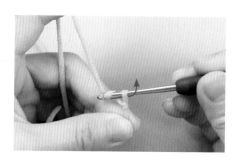

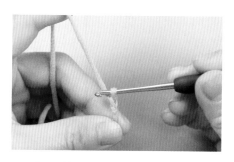

7 钩针再次挂线，并将线从挂在钩针上的线圈中拉出。

8 完成第1针锁针。继续重复步骤7，钩出需要的锁针数。

9 这是钩织了5针的样子。

锁针的 3 种挑针方法

从里山入针
（挑针以短针钩织为例）

挑针时先将锁针链翻至背面，中间一行脊梁是里山，挑针时看得更清楚。
挑里山的难度会比后两种更高，但钩织出的底边更美观，更适合底边不再修饰的场合。

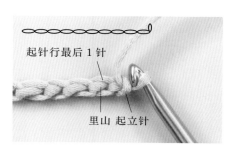

起针行最后1针

里山 起立针

1 先钩织起针所需的锁针。

2 钩织1针锁针作为短针行的起立针，将锁针链翻转到背面。

3 钩针插入步骤2标记的里山中，钩针挂线，从第1个线圈中拉出。

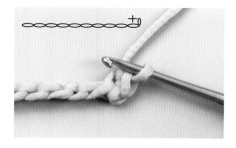

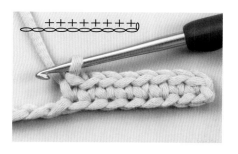

4 钩针挂线，从2个线圈中拉出。

5 完成了第1针短针钩织。

6 重复步骤3~5，继续钩织。

这是挑里山钩织短针的正面效果。

这是挑里山钩织短针的反面效果。

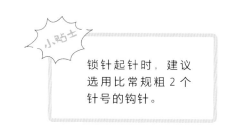

小贴士

锁针起针时，建议选用比常规粗2个针号的钩针。

从上半针 + 里山入针
（挑针后以短针钩织为例）

通常是挑上半针 + 里山，这种方法比较容易挑针，也比较稳定，适合大部分场合，缺点是挑两条线，会显得略厚。

1 先钩织起针所需的锁针，再钩织 1 针锁针作为起立针。

2 将钩针插入上半针和里山中，钩针挂线，拉出线圈。

3 钩针继续挂线、从 2 个线圈拉出。

4 线圈拉出后即完成第 1 针短针。

5 继续从上半针 + 里山入针，钩织短针。

这是挑"上半针 + 里山"钩织短针的正面效果。底边是下半针针目。

这是挑"上半针 + 里山"钩织短针的反面效果。底边是下半针针目。

从上半针入针
（挑针后以短针钩织为例）

通常是只挑上半针，这种方法虽然容易挑针，但挑起后针目容易拉伸，针目易变得大小不等，不够美观。

1 先钩织起针所需的锁针，再钩织 1 针锁针作为起立针。

2 将钩针插入起针行最后 1 针的上半针中，挂线，拉出线圈。

3 钩针继续挂线、从 2 个线圈拉出。

4 线圈拉出后即完成第 1 针短针。

5 继续从上半针中入针，钩织短针。

这是挑上半针钩织短针的正面效果。

这是挑上半针钩织短针的反面效果。

短针 ＋(×)

短针是钩针编织的基础针法，钩织出来的针目比较密实，短针的针目高度跟锁针的针目高度一样。短针符号常见的有"＋"和"×"两种。

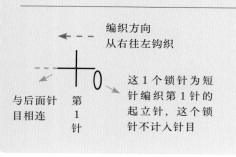

编织方向
从右往左钩织

与后面针目相连　　第1针

这1个锁针为短针编织第1针的起立针，这个锁针不计入针目

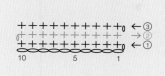

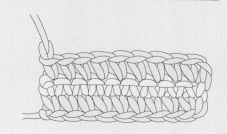

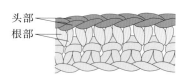

头部
根部

未完成的短针

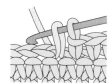

完成的短针

短针的钩织方法

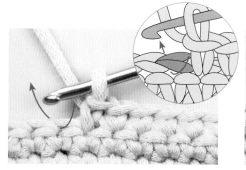

1　钩针插入前一行针目头部的两根线（从上面看是一个辫子）。

2　钩针挂线，拉出线圈。

3　此时是1针未完成的短针。

4　钩针继续挂线，再拉出线圈。

5　这针短针完成。

6　完成这行短针，粉色是1针短针。

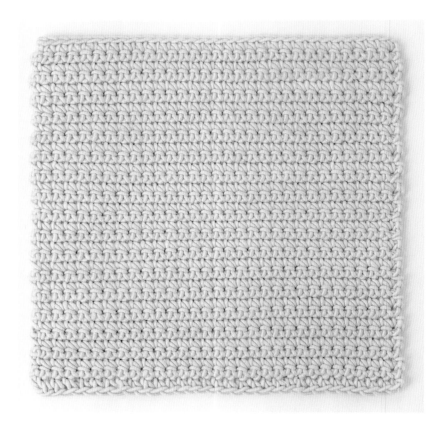

练习目的

- 掌握短针织片的钩织方法。
- 掌握短针起立针的方法。

编织说明

- 锁针起针 31 针，挑锁针的里山，钩织 31 行。
- 起针行用针比其他行用针粗 2 个针号。

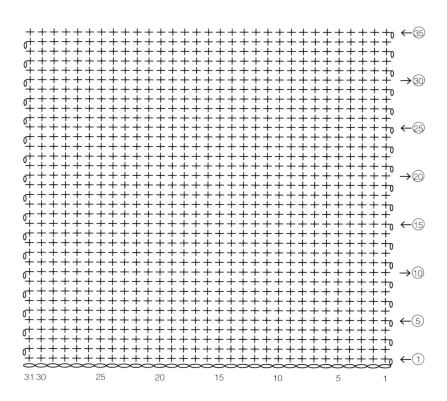

短针的变化针法

亩编

又称短针的棱针，钩针挑取前一行针目头部的后面半针，最后织物呈现棱状凸起

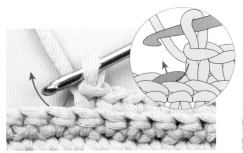

1 将钩针挑取前一行短针头部的后面半针。

2 钩针挂线，拉出。

3 钩针再次挂线，从钩针上的2个线圈中拉出。

4 完成这针的钩织，重复步骤1～3，继续钩织这行短针。

5 完成这行亩编，可看出棱纹的效果，粉色针目就是完成的1针针目。

普通短针往返编织

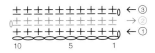

筋编往返编织

亩编往返编织

筋编环形编织

亩编，筋编，普通短针的对比

亩编、筋编的钩织方法相同、编织符号相同，只是挑针的位置不同，最后织物针目会呈现不同效果。

筋编（往返编织）

又称短针的条纹针，往返编织时，奇数行、偶数行挑针位置不同，织物正面呈现条纹效果

 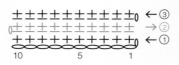 

偶数行时

1 钩织偶数行时将钩针插入前一行短针头部的前面半针。

2 钩针挂线后拉出。

3 钩针再次挂线，拉出。

4 完成的1针筋编。

5 完成这行筋编，粉色针目是偶数行1针的针目。

奇数行时

1 钩织奇数行时将钩针插入前一行短针头部的后面半针。

2 钩针挂线，从第1个线圈拉出。

3 钩针继续挂线，拉出线圈。

4 粉色针目为完成的奇数行1针的针目。

这是筋编（往返编织）的正面效果。

这是筋编（往返编织）的反面效果。

筋编（环形编织）

又称短针的条纹针，环形编织时最后针挑取前一行针目头部的后面半针，织物正面边呈现条纹效果

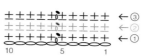

10   5   1

←③
←②
←①

1 短针编织完成后，最后1针需要做引拔。先把针退出，从箭头方向重新插入。

2 钩针从后往前插入第1个针目，将之前的线圈往后拉出。

3 针头恢复之前的钩织方向，挂线，拉出。

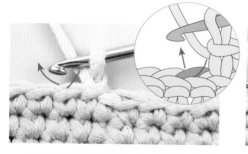

4 完成1针锁针的起立针后，钩针插入左侧第1个针目头部后面半针，然后挂线，拉出。

5 继续挂线，拉出。完成这针筋编。

6 继续用同样的方法完成这圈，粉色针目就是完成的1针筋编。

* 亩编、筋编、普通短针的对比见15页小贴士。

逆短针

也称倒钩短针或反短针。1行完成后，不翻转织片，继续从左往右钩织第二行

1 钩织1针锁针作为起立针，钩针逆时钩针扭转方向。

2 钩针插入右侧旁边的第1个针目头部的两根线，把线拉出。

3 把线拉出以后的效果。

4 钩针挂线，拉出线圈。

5 完成这针逆短针。重复步骤
2 ~ 4，继续钩织。

6 完成这行逆短针，粉色针目是
1针逆短针。

扭短针

钩织时，钩针带着线圈扭1圈

1 将钩针插入前一行短针头部的两
根线，挂线后拉出。

2 拉出线圈后形成1针未完成的
短针，把针目从左往右扭转。

3 扭转后。

4 钩针挂线，拉出。

5 完成这针扭短针。

6 完成这行扭短针，粉色针目就
是完成的1针扭短针。

小贴士

加密短针、十字短针、普通短针的对比

加密短针

十字短针

普通短针

加密短针

环形编织时，改变钩针的入针位置，织出的针目比普通短针更加密实，故得名

1 钩针插入前一行针目的 V 形位置（箭头所示），挂线后拉出。

2 形成 1 针未完成的短针，继续挂线，拉出。

3 完成这针加密短针。

十字短针

钩针挂线时，线被压在针下，引拔拉出，织出的针目呈现十字小花

1 将钩针插入前一行短针头部的两根线。

2 钩针在线的上方，把线圈拉出。

3 形成 1 针未完成的短针，钩针继续挂线，拉出线圈。

4 完成这针十字短针。

5 完成这行十字短针，粉色针目就是完成的 1 针十字短针。

* 加密短针、十字短针、普通短针的对比见 18 页小贴士。

短针的减针

2 针短针并 1 针		

1 钩针插入前一行针目头部的两根线，钩针挂线。

2 钩出 1 个线圈，这是 1 针未完成的短针。

3 继续钩织 1 针未完成的短针。

4 将这 2 针未完成的短针，并织成 1 针。

5 粉色针目就是 2 针短针并 1 针。

2 针短针并 1 针 （中间 1 针跳过）		

1 钩针挂线，从前一行针目头部的两根线入针。

2 挂线后钩出 1 个线圈，这是 1针未完成的短针。

3 跳过前一行的第 2 个针目，在第 3 个针目上继续钩织 1 针未完成的短针，钩针挂线，准备引拔。

4 将钩针上的线圈并织成1个针目。

5 粉色针目就是2针短针并1针（中间1针跳过）。

3 针短针并 1 针

1 钩针插入前一行针目头部的两根线，钩针挂线。

2 钩出1个线圈，这是1针未完成的短针。

3 继续钩织1针未完成的短针。

4 钩织第3针未完成的短针。

5 钩针挂线，一次性从所有的线圈中引拔拉出。

6 并织成1针。

7 粉色针目就是3针短针并1针。

小贴士

短针的减针这里列举了三种常见的针法，可以举一反三，在实际操作中灵活应用。

短针的加针

1 针放 2 针短针
常见有 "" 两种表达方式

1 钩针插入前一行针目头部的两根线。

2 完成 1 针短针。

3 在相同的位置，继续钩织第 2 针短针，钩针挂线、引拔。

4 完成第 2 针短针。这样在前一行的 1 个针目里钩出了 2 针短针。

5 粉色针目就是 1 针放 2 针短针。

1 针放 3 针短针

1 钩针插入前一行针目头部的两根线。

2 完成 1 针短针。

3 在相同的位置，继续钩织第 2 针短针。

4 继续在同 1 个针目中钩织第 3 针短针。

5 完成第 3 针短针。

6 粉色针目就是完成的 1 针放 3 针短针。

1 针放 2 针短针
（中间加 1 针锁针）

1 先钩织 1 针短针。

2 钩针挂线并拉出。

3 钩织 1 针锁针。

4 在同 1 个针目中继续钩织 1 针短针。

5 完成这针短针。

6 粉色针目就是 1 针放 2 针短针（中间加 1 针锁针）。

小贴士

短针的加针这里列举了三种常见的针法，可以举一反三，在实际操作中灵活应用。

引拔针 引拔针是钩针编织中辅助性的针法，通常在环形编织时连接两个针目用。引拔针是没有高度的针目。

在针目头部的引拔

1 钩针从前一行针目头部入针。

2 钩针挂线，拉出线圈。

3 完成这针引拔针。

4 完成这行引拔针。粉色针目是完成后的1针引拔针。

环形编织首尾相连时两个针目的引拔

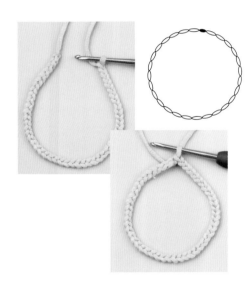  

1 钩针挑起第1个锁针外侧半针＋里山。

2 钩针挂线，引拔拉出。

3 不挂线，继续引拔拉出。

4 完成首尾两个针目的引拔。

锁针上引拔（钩织双重辫子时常用）

1 钩织所需针数的锁针。

2 翻转到背面，钩针从里山入针。

3 钩针挂线，引拔拉出。

4 完成在这行锁针上的引拔。

蝴蝶结

重难点提示

- 短针的练习。
- 卷针缝。
- 蝴蝶结的妙用（可以作发饰、胸花或装饰之用）。

蝴蝶结

材　　料	回归线·知友：木槿色 5g，豆沙粉 5g，西米色 5g
工　　具	钩针 7/0（4.0mm）
成品尺寸	宽 6.5cm，高 4.5cm

※ 本书图中未标注单位的表示长度的数字均以厘米（cm）为单位

编织方法

● 分别完成主体和绑带。
● 用绑带把主体中间部分包裹起来，再用卷针缝把绑带缝合固定。
● 整型，使蝴蝶结平整。

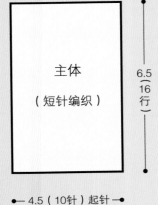

主体
（短针编织）

6.5
（16 行）

←4.5（10针）起针→

绑带

2.5
（6 行）

←1.5→
（3针）起针

蝴蝶结

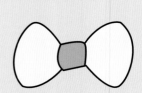

绑带缝合方法

※ 绑带两端做卷针缝合
卷针缝的方法见69页

主体花样

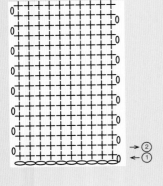

绑带花样

短针装饰领

- 短针和锁针的巩固练习。
- 短针加针的技巧。
- 分散加针技法的应用。

短针装饰领

材　　料	回归线 · 心趣：芝士色 65g
工　　具	钩针 4/0（2.5mm）
成品尺寸	宽 7cm，长 72cm
编织密度	10cm×10cm 面积内：短针编织 32 针，39.5 行

编织方法

- 主体：起针钩 148 针锁针，参见图 1、图 2 主体部分钩织 20 行短针，同时做分散加针。
- 外圈边缘编织：按图 3 红色行所示"开始"的位置接新线，钩织一行短针，继续按图 4 所示完成外圈边缘编织。
- 内圈边缘编织：按图 3 蓝色行编织。
- 缝上白色珠扣。

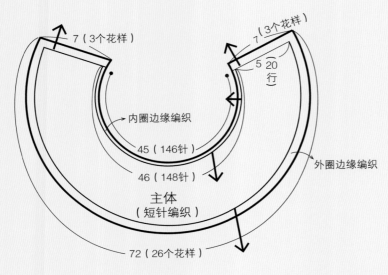

7（3个花样）

7（3个花样）

5 20 行

内圈边缘编织

45（146针）

46（148针）

外圈边缘编织

主体
（短针编织）

72（26个花样）

图 4　外圈边缘编织花样

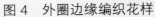

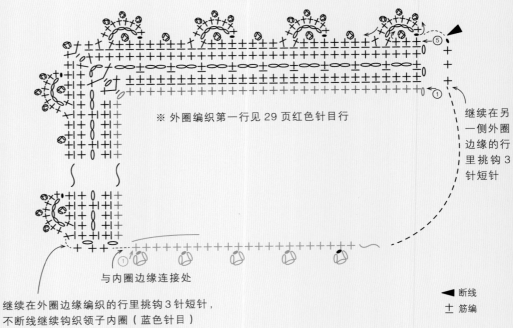

⑤

①

※外圈编织第一行见 29 页红色针目行

继续在另一侧外圈边缘的行里挑钩 3 针短针

①

与内圈边缘连接处

继续在外圈边缘编织的行里挑钩 3 针短针，
不断线继续钩织领子内圈（蓝色针目）

◀ 断线

十 筋编

图3 边缘编织在主体上的挑针位置

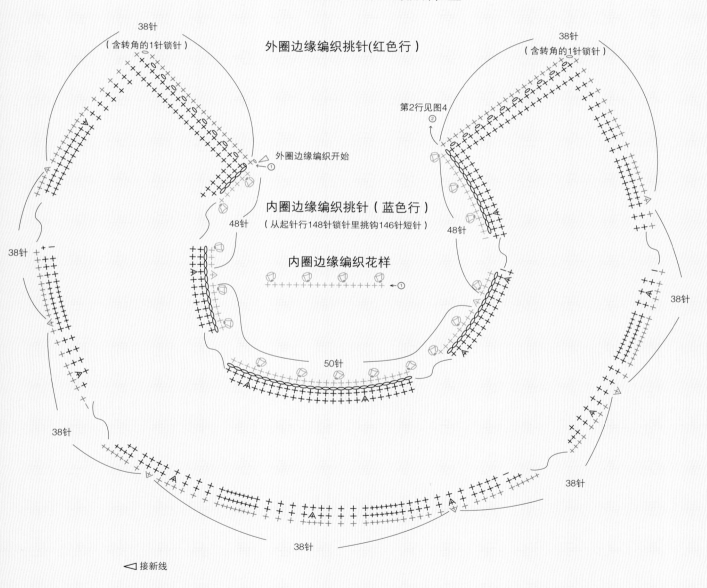

38针
（含转角的1针锁针）

外圈边缘编织挑针(红色行）

第2行见图4

外圈边缘编织开始

38针
（含转角的1针锁针）

内圈边缘编织挑针（蓝色行）

48针 （从起针行148针锁针里挑钩146针短针）

48针

内圈边缘编织花样

38针

38针

50针

38针

38针

38针

38针

38针

◁接新线

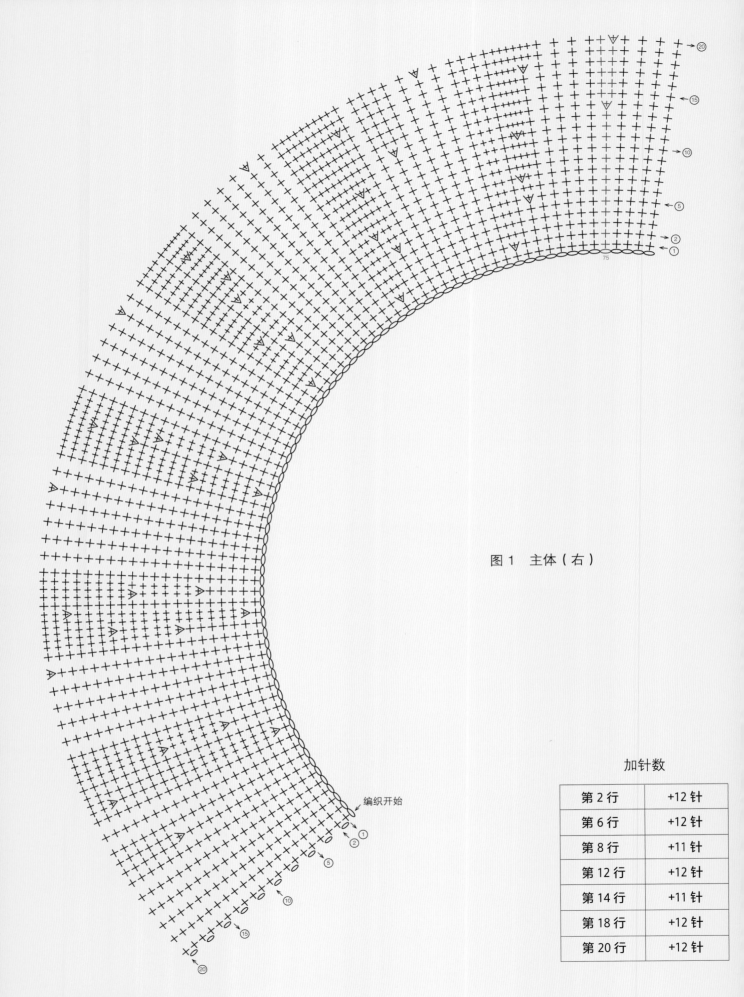

图1 主体（右）

加针数

第 2 行	+12 针
第 6 行	+12 针
第 8 行	+11 针
第 12 行	+12 针
第 14 行	+11 针
第 18 行	+12 针
第 20 行	+12 针

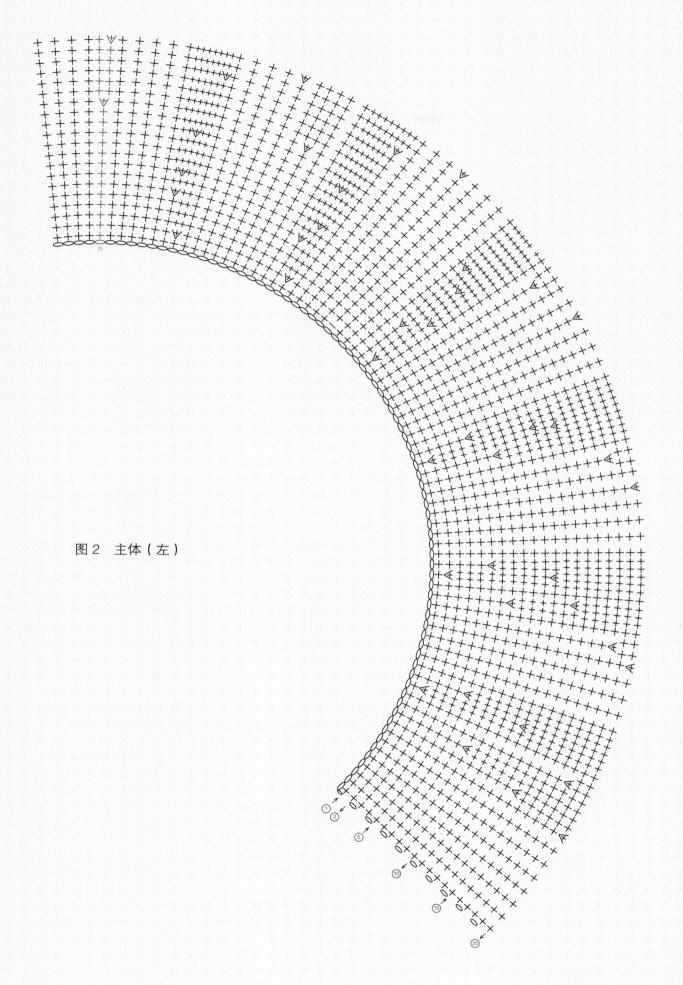

图2 主体（左）

变化短针的拎包

重难点提示

- 短针钩织方形包底的挑针技巧。
- 亩编起始行与结束行拼接的技巧。
- 从亩编织片行里挑针的技巧。
- 双重辫子的绳子钩织方法。
- 包带的钩织方法。
- 卷针缝的技巧。

变化短针的拎包

材　　料	回归线·心趣：意米粉色 185g	
工　　具	钩针 4/0（2.5mm）	
成品尺寸	高 19cm，底宽 12cm，底长 16cm	
编织密度	10cm×10cm 面积内：短针编织 24 针，29.5 行	

编织方法

- 锁针起 38 针，短针钩织完成包底，沿包底四周按指定针数钩 1 行短针，共 150 针短针。
- 完成主体钩织，将主体首尾用卷针缝缝合（详见 69 页），使其成为一个圆筒，沿圆筒下侧按指定针数钩 1 行短针。在主体与包底四角对应的位置用缝衣针缝出四条棱。
- 将包底与主体用卷针缝做一针对一针的缝合。
- 用卷针缝把包带固定在包身内侧。
- 将束口绳穿入包口。

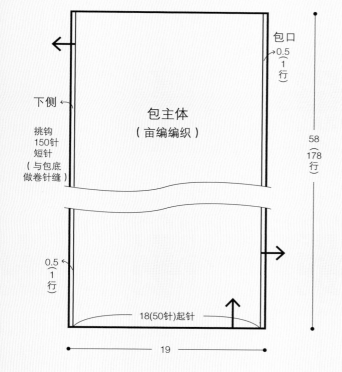

包主体（亩编编织）

包口 0.5（1 行）

下侧

挑钩 150 针短针（与包底做卷针缝）

58（178 行）

0.5（1 行）

18(50针)起针

19

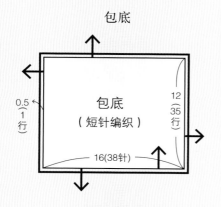

包底

包底（短针编织）

12 / 35 行

0.5（1 行）

16(38针)

包主体花样

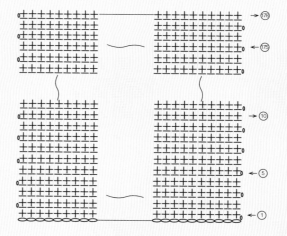

包底花样

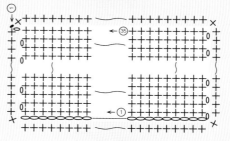

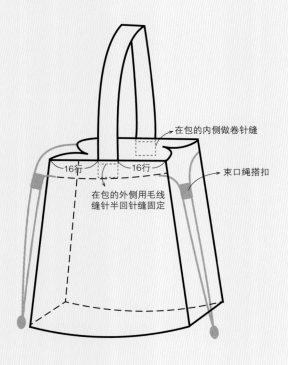

在包的内侧做卷针缝

16行　16行

在包的外侧用毛线
缝针半回针缝固定

束口绳搭扣

包口边缘编织

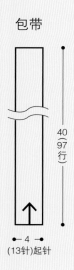

← ①

束口绳搭扣

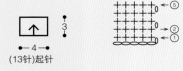

+++++++ ← ⑤

+++++ ← ②

← ①

3

←4→
(13针)起针

束口绳
（双重辫子，2条）

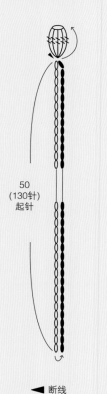

50
(130针)
起针

◀ 断线

包带

40
(97
行)

←4→
(13针)起针

包带编织花样

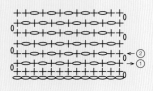

← ②

→ ①

长针和方眼编

长针

$\top$

长针是钩针编织中极重要的针法，也是很多针法变化的基础。长针的高度是锁针的3倍（长针及长针变化针法针目高度对比详见44页）。

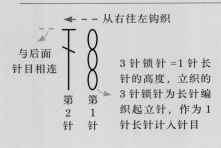

← - - 从右往左钩织

与后面
针目相连

第2针　第1针

3针锁针=1针长针的高度，立织的3针锁针为长针编织起立针，作为1针长针计入针目

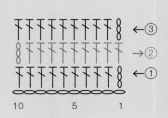

←③
→②
←①

10　　5　　1

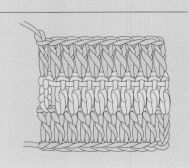

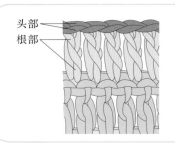

头部
根部

未完成的长针

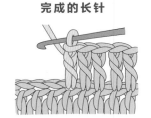

完成的长针

长针钩织的方法

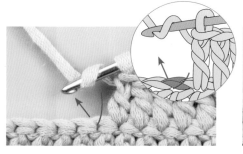

1 钩针挂线，从前1行针目的头部入针。

2 入针后，钩针挂线，拉出线圈。

3 将线圈拉到2针锁针的高度，现在钩针上有3个线圈，钩针继续挂线，从前2个线圈引拔拉出。

4 此时是1针未完成的长针，钩针继续挂线，拉出。

5 线圈拉出后，完成了这针长针。

6 粉色针目就是完成的1针长针。

练习目的

● 学会长针钩织。

● 注意长针织片起立针
与短针起立针的区别。

编织说明

● 锁针起针 31 针,挑里山,
钩织 14 行。

● 起针行用针比其他行用
针粗 2 个针号。

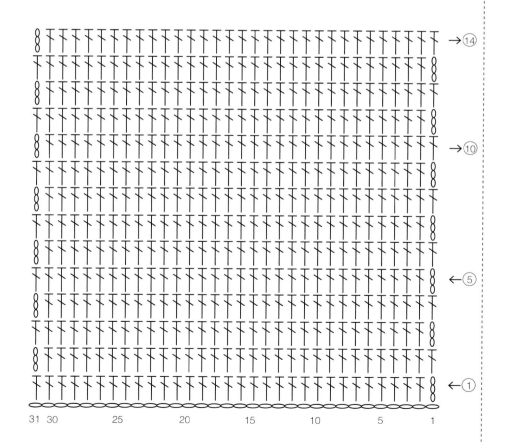

长针的变化针法

中长针

中长针是在长针基础上变化，少了一步的变化钩织方法，中长针高度是锁针的2倍

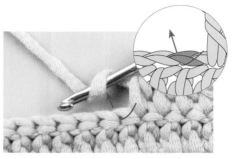

1 钩针挂线，从前一行针目的头部入针。

2 入针后，钩针挂线，拉出线圈。

3 将线圈拉到2针锁针的高度，现在钩针上有3个线圈。此时是1针未完成的中长针。

4 钩针继续挂线，一次性引拔拉出。

5 钩针从3个线圈中引拔拉出后，完成了这针中长针。

6 同样的方法完成这1行，粉色针目是完成的1针中长针。

长长针

长长针比长针多了1针锁针的高度，在钩针上挂2圈后才开始钩织，长长针高度是锁针的4倍

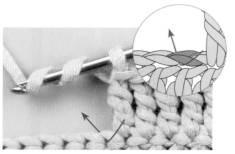

1 钩针挂2次线圈，从前一行针目的头部入针。

2 入针后，钩针挂线，拉出线圈。

3 将线圈拉到2针锁针的高度，此时钩针上有4个线圈，钩针挂线从前2个线圈引拔拉出。

4 钩针再次挂线，继续
从前 2 个线圈中引拔
拉出。

5 此时是 1 针未完成的
长长针，钩针挂线，
引拔拉出。

6 拉出线圈后完成了这
针长长针。

7 同样的方法完成这一
行，粉色针目是完成
的 1 针长长针。

3 卷长针

在钩针上挂线 3 圈后开始按长针的方法
钩织，高度是锁针的 5 倍

1 钩针上绕 3 次线圈，从前 1 行针
目的头部入针。

2 将线圈拉到 2 针锁针的高度，此
时钩针上有 5 个线圈，钩针挂
线，从前 2 个线圈中引拔拉出。

3 钩针上余 4 个线圈，钩针继续
挂线，继续从前 2 个线圈中引
拔拉出。

4 钩针上余 3 个线圈，钩针再次挂
线后从前 2 个线圈中引拔拉出。

5 此时是 1 针未完成的 3 卷长针，
钩针继续挂线，引拔拉出。

6 完成这针 3 卷长针。

7 粉色针目就是完成的 1 针 3 卷长针。

长针的减针

2 针长针并 1 针

1 钩针挂线，从前一行针目的头部入针，再挂线引拨拉出。

2 将线圈拉到 2 针锁针的高度，挂线，引拨拉出。

3 钩针挂线，继续从前 1 行针目头部入针。

4 钩织第 2 针未完成的长针。此时钩针上有 3 个线圈，钩针挂线，从 3 个线圈中引拨拉出。

5 将 2 针未完成的长针并成 1 针。

6 粉色针目就是 2 针长针并 1 针。

3 针长针并 1 针

1 钩织 1 针未完成的长针，然后钩针挂线。

2 连续钩织 3 针未完成的长针，钩针挂线，一次性引拨拉出。

3 完成 3 针长针并 1 针。

4 粉色针目就是 3 针长针并 1 针。

长针的加针

1 针放 2 针长针
（割挑）

1 在前一行针目的头部钩织 1 针长针。

2 在相同位置钩织第 2 针长针。

3 粉色针目就是完成的 1 针放 2 针长针。

1 针放 2 针长针
（割挑，中间加 1 针锁针）

1 在前一行针目的头部钩织 1 针长针。

2 钩 1 针锁针。

3 在前 1 个长针入针位置再钩织 1 针长针。

4 此时是未完成的长针，继续挂线，引拔拉出。

5 完成这针长针。

6 粉色针目就是完成的 1 针放 2 针长针（割挑，中间加 1 针锁针）。

1针放3针长针
（割挑）

1 先钩织1针长针。

2 相同位置钩织第2针长针，钩针继续挂线。

3 在相同位置钩织第3针长针。

4 粉色针目是完成的1针放3针长针（割挑）。

小贴士

割挑与束挑的区别

从针目头部入针叫割挑

将针目整段挑起叫束挑

长针加针束挑的其他形式

1针放2针长针
（束挑）

1针放3针长针
（束挑）

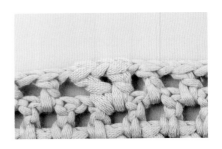

1针放2针长针
（束挑，中间加1针锁针）

长针的交叉针

1 针长针交叉

1 钩针挂线，从左侧的第 2 个针目的头部入针，钩织 1 针长针。

2 钩织 1 针长针后挂线，钩针从旁边第 1 个针目的头部入针。钩针挂线后像包住前一针长针那样，将线拉出。

3 钩针再次挂线，从钩针上的前 2 个线圈中拉出。

4 钩针继续挂线，从钩针上的 2 个线圈中拉出。

5 完成第 2 个长针的交叉钩织。

6 粉色针目就是 1 针长针交叉针。

1 针长针交叉
（中间加 1 针锁针）

1 钩针挂线，从左侧的第 3 个针目头部入针。

2 钩织 1 针长针后，钩针挂线。

3 钩织 1 针锁针。

4 钩针再次挂线。从旁边第 1 个针目的头部入针钩织 1 针长针。

5 像包住前一针长针那样，将线圈拉出。再次挂线，从钩针上的前2个线圈中拉出。

6 再次挂线，引拔拉出。

7 完成这针长针。

8 粉色针目就是1针长针交叉（中间加1针锁针）。

针目高度

每个针目都一定的高度，把1针锁针的高度记作"1"，其他针目的高度分别是锁针高度相应倍数，每行开头时就要织相应个数的锁针作为起立针。

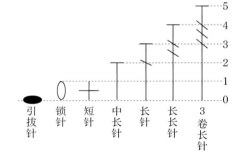

引拔针没有高度，不需织起立针

短针钩织时需1针锁针作起立针

中长针钩织时需2针锁针作起立针

长针钩织时需3针锁针作起立针

长长针钩织时需4针锁针作起立针

3卷长钩钩织时需5针锁针作起立针

未完成的针目对比

未完成的短针

未完成的长针

未完成的中长针

未完成的长长针

方眼编

方眼编是基础针法的长针与锁针通过不同的排列组合，形成丰富多样的方形格子镂空花样。

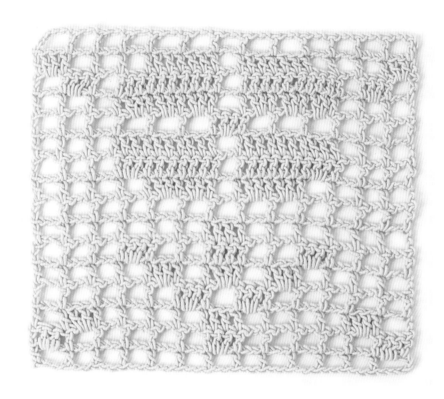

练习目的

- 进一步练习长针钩织，使长针钩织更匀称、规范。
- 注意割挑与束挑的不同情形。
- 本织片建议多练习几遍，使钩出来的针目更加均匀，保证这个织片是正方形。

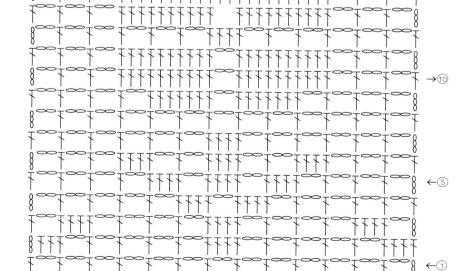

编织说明

- 锁针起针 39 针，挑取锁针的里山，钩织 16 行。
- 起针行用针比其他用针粗 1 个针号，或不变。

课堂练习
长针

玫瑰花胸针

重难点提示

● 长针及针法变化的巩固练习。
● 立体玫瑰花的设计原理。
● 玫瑰花的缝合技巧。
● 尝试织片正反面两个方向卷起形成花朵的不同效果。

玫瑰花胸针

材　料　回归线·心趣：薏米粉色10g，青瓷色10g
　　　　　回归线·知友：冰蓝色10g
　　　　　胸针扣

工　具　钩针4/0（2.5mm）

成品尺寸　宽5cm，长5cm

编织方法

● 完成花朵编织花样后，从图解箭头处卷起，整形后缝合定型。可在中心部分加入珠子或其他装饰。
● 底托钩织完毕后，与花朵底部缝合固定。
● 胶枪固定胸针。

花朵

5

5

底托

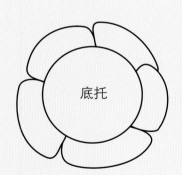

底托编织花样

花朵编织花样

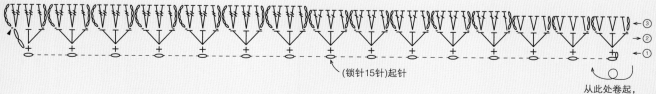

(锁针15针)起针

从此处卷起，
形成花朵，缝合定型

课后练习
长针

流苏围巾

● 熟练掌握钩织平整的长针。

● 进一步理解束挑与割挑。

● 绳状流苏的技巧。

流苏围巾

材　　料	回归线·知友：芝士色 265g
工　　具	钩针 4/0（2.5mm）
成品尺寸	长 97cm，宽 23.5cm
编织密度	10 cm × 10 cm 面积内：编织花样 20 针，30 行

编织方法

- 锁针起针，挑里山，按主体编织花样钩织，完成围巾主体部分。
- 按主体编织花样图上红色符号标记分别编织左右两侧的边缘编织。
- 在围巾两端钩织绳状流苏，做法见 59 页。

边缘编织

23.5

10

主体
（编织花样）

77
(105行)

（1行）0.5
边缘编织

0.5（1行）
边缘编织

22.5(39针)

10

※ 绳状流苏做法详见 59 页

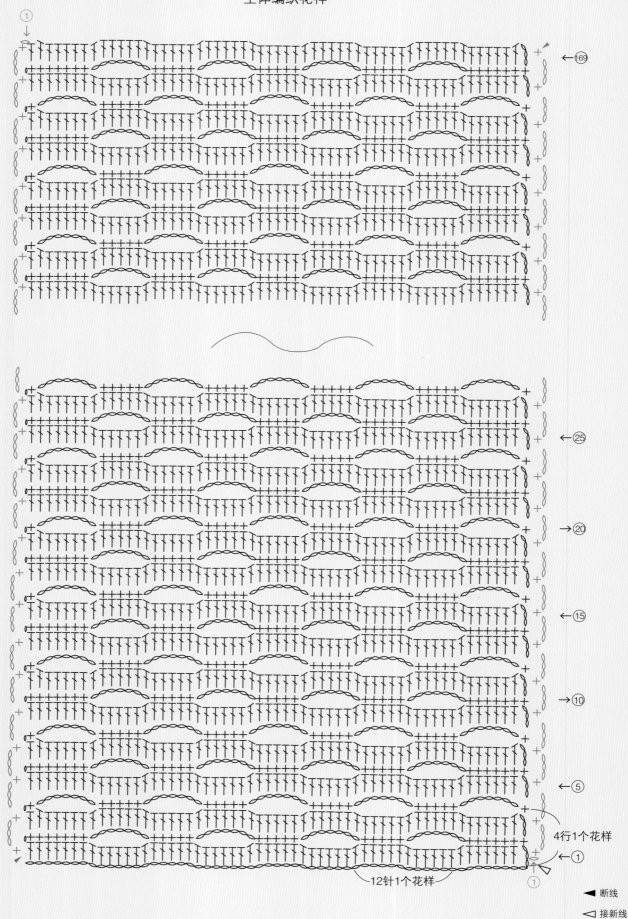

4行1个花样

12针1个花样

▲ 断线

◁ 接新线

衣架装饰套

● 练习短针、中长针、长针、长长针。
● 感受形成阶梯高度的针法应用，为之后学习
  收袖窿、领子及肩部引返作知识储备。
● 环形编织时的针目识别和引拔技巧。
● 体验用钩针织物装饰居家环境的乐趣。

衣架装饰套

材　　料	回归线 · 知友：西米色 80g
工　　具	钩针 4/0（2.5mm）
成品尺寸	宽 41cm，高 11cm
编织密度	10cm × 10cm 面积内：长针编织 24 针，13 行

编织方法

- 锁针起针 96 针，第 1 行往上织挑上半针和里山，往下织挑下半针，按图钩织编织花样 A。注意两端各加出 1 针短针，第 1 行共有 194 针。
- 继续按编织花样 A 环形编织，第 2 行加至 198 针，直至完成 8 行。
- 不断线继续钩织编织花样 B。
- 整理熨烫后，将衣架装入，注意衣架挂钩从中心位置出来。

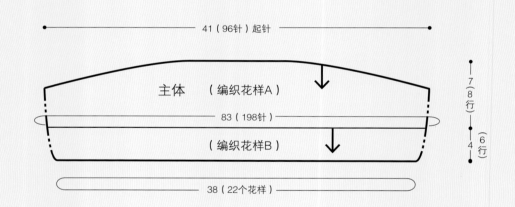

41（96针）起针

主体　（编织花样A）

83（198针）

（编织花样B）

7（8行）

4（6行）

38（22个花样）

衣架装饰套

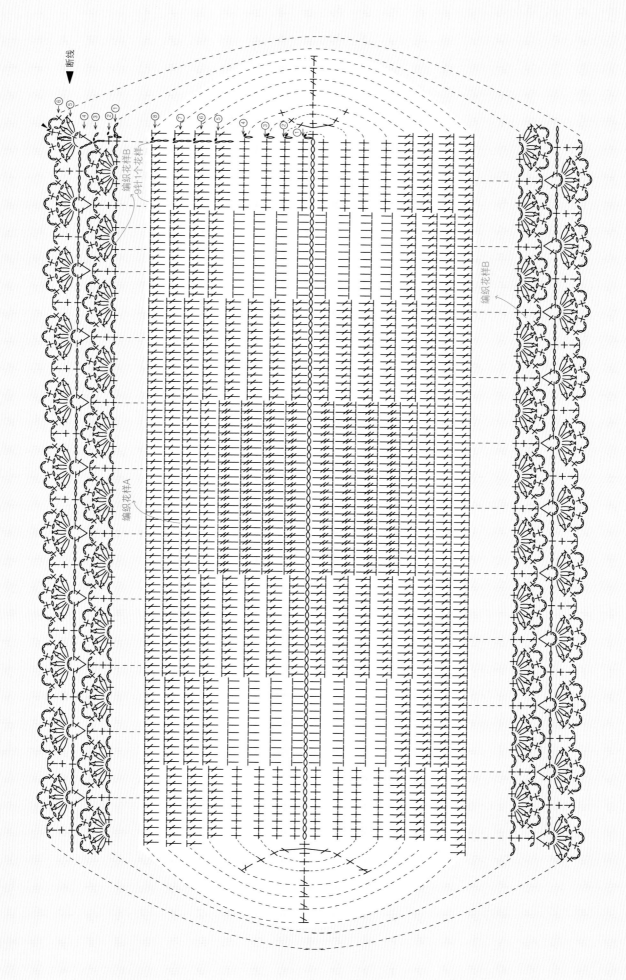

主体编织花样

断线

编织花样B
9针1个花样

编织花样B

编织花样A

螺旋流苏披肩

重难点提示

● 加强长针的练习。

● 狗牙拉针可参考 84 页。

● 钩织中加入珠子可参考 87 页。

● 螺旋流苏的钩织技巧。

螺旋流苏披肩

材　　料	回归线·念羽：初春色 85g	
工　　具	钩针 4/0（2.5mm）	
成品尺寸	上宽 52cm，下宽 123cm，高 17.5cm	
编织密度	10cm×10cm 面积内：长针编织 32 针，16 行	

编织方法

- 主体：锁针起针钩织 96 针，挑里山，钩织 17 行，具体花样见图 1。
- 流苏：按图 2 钩织第 18 行的流苏。
- 领侧边缘：按图 1 领侧边缘编织花样钩织。

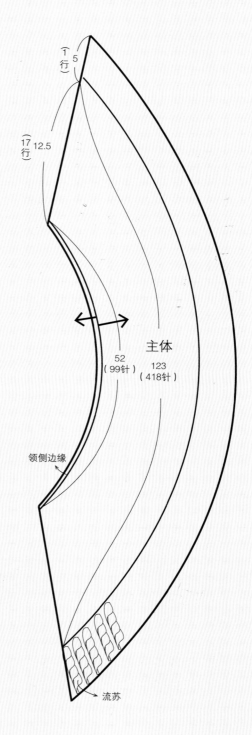

（1行）　5

（17行）　12.5

主体

52
（99针）　　123
（418针）

领侧边缘

流苏

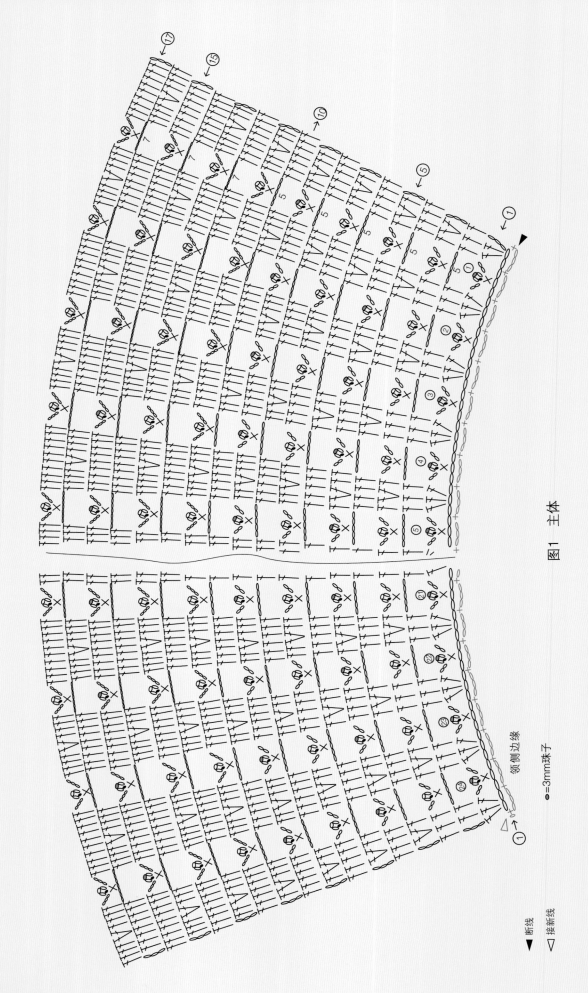

图1　主体

領側边缘

●=3mm珠子

▼断线
▽接新线

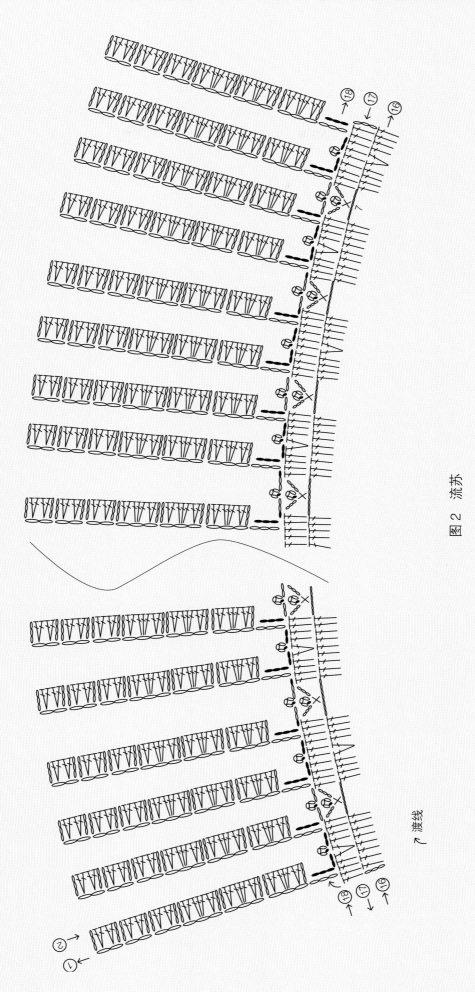

图 2　流苏

方眼编桌垫

● 规范长针的高度。
● 方眼编的钩织练习。
● 割挑与束挑的区别。

方眼编桌垫

材　　料	回归线·晴语：叶绿色 50g
工　　具	钩针 2/0（2.0mm）
成品尺寸	长 30cm，宽 21cm
编织密度	10cm × 10cm 面积内：长针编织 39 针，18.5 行

编织方法

- 锁针起针 118 针，挑里山。按编织花样钩织。
- 整理定型。

```
┌──────────────────────────┐
│                          │
│                          │   21
│          主体            │  （39
│       （编织花样）       │   行）
│                          │
└──────────────────────────┘
  ←──── 30（118针）起针 ────→
```

（上接 49 页流苏围巾）

绳状流苏的做法

1 钩针从前 1 行针目的头部入针。

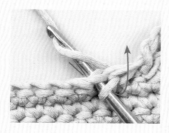

2 钩针挂线，引拔拉出。

3 完成 1 针引拔针。

4 拉长引拔出来的线圈至所需长度。

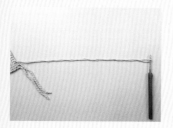

5 钩针钩住线圈，逆时针方向旋转 50 圈（旋转圈数按所需流苏长度而定）后对折，拧成一条绳子。

6 钩针插入前 1 行针目的头部。

7 钩针挂线，引拔拉出。

8 完成 1 根流苏。按实际需要完成其他流苏。

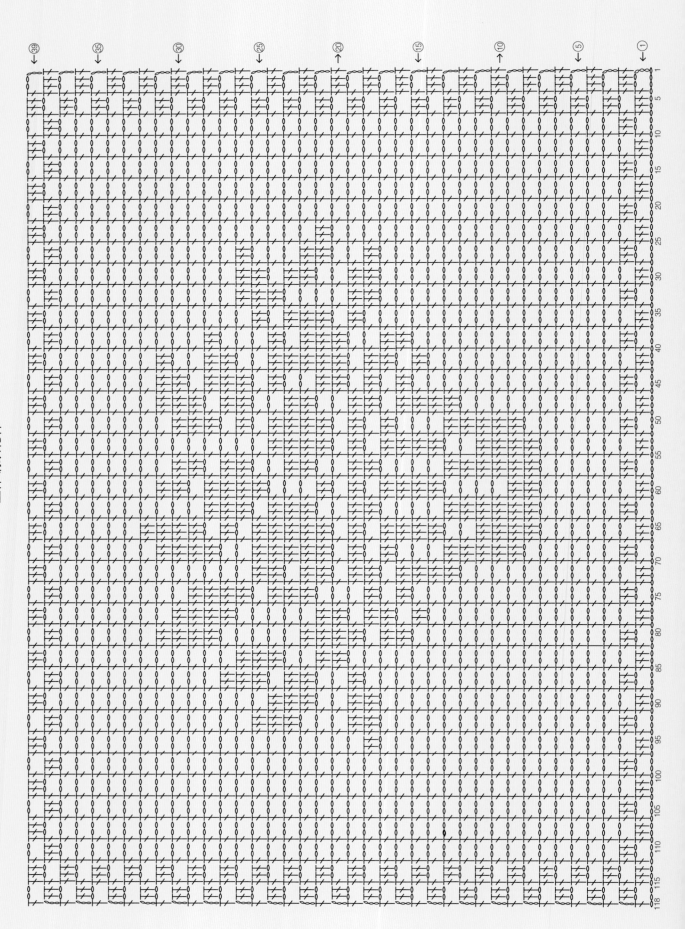

主体编织花样

祖母方块

祖母方块

不同于直线的往返编织，环形编织以圆形为编织起点，从中心开始环绕编织，有非常灵活的变化形式。祖母方块就是其中一种常见的基础类型。

绕线成环开始编织

起针 ○

1 右手捏住线，将线在左手食指上绕两圈。

2 左手捏住绕线环，右手持钩针，将针插入绕线环，挂线，从绕线环中引拨拉出。

3 钩针继续挂线，引拨拉出。

4 钩针拉出后，此时线圈上形成1针（这1针不计入针数）。这是环形编织的起针。

在绕线环上钩短针

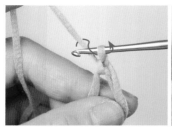

5 （接步骤4）钩织1针锁针。

6 钩针插入绕线环，在绕线环上钩织1针短针。

7 继续钩织短针（这里共12针短针），拉长最后1个线圈。

8 如图捏住线圈，另一只手轻拉线头，注意观察哪根线变短，变短的那根线的哪头不动。

9 右手拇指和食指捏住变短那根线不动的一端，往右抽紧线环。

10 接着，再次拉住线头抽紧，这样线环就收紧了。

11 钩针插入之前拉长的最后1针的线圈中，把线圈收紧到合适的大小。

12 钩针插入第1针短针的头部两根线，钩针挂线，引拔拉出。

13 完成这针引拔针，使这圈短针首尾相连，形成闭环。

在绕线环上钩长针

5 （接62页起针步骤4）立织3针锁针计作1针长针，钩针挂线。

6 从线环中拉出线圈到2针锁针的高度，再挂线引拔。

7 形成1针未完成的长针，钩针再挂线引拔拉出。

8 完成1针长针的钩织。

9 继续钩织所需长针（这里是11针长针，加3针锁针立织的长针共计12针）。

10 参考62页步骤8～10，拉紧线头，收紧线环。

11 钩针插回线圈，线圈收紧到合适的大小。

12 钩针挑起最初的立织第3针锁针的外侧半针和里山，钩针挂线，引拔拉出。

13 完成这针引拔针，使这圈长针首尾相连，形成闭环。

锁针成环开始编织

起针 I

1 钩织所需的锁针（这里钩织6针），第1针不收紧，计入针数。

2 钩针插入第1个针目中，挑起上半针和里山，钩针挂线。

3 钩针引拔拉出后，形成环形。

起针 II

1 钩织1针起针针目后收紧（不计入针数），继续钩织所需的锁针（这里为6针）。

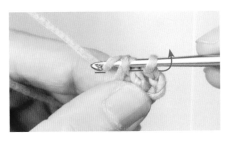

2 钩针插入第1个针目中，挑起上半针和里山，钩针挂线。

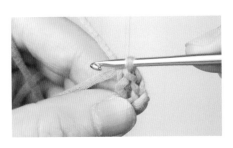

3 钩针引拔拉出后，形成环形。

两种起针的区别

起针 I，没有小疙瘩，粗线细线都适用。

起针 II，有疙瘩，粗线时疙瘩大，影响美观。

在锁针环上钩织短针

4 （接起针步骤3）钩织1针锁针（起立针），挑整个锁针环，开始钩织短针。

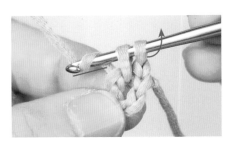

5 钩针从锁针环内拉出线圈，钩针挂线，引拔拉出。

6 完成第1针短针。

7 继续钩织所需的短针（这里是 12 针）。

8 钩针插入第 1 针短针的头部，钩针挂线，引拔拉出。

9 完成这针引拔针，使这圈短针首尾相连，形成闭环。

在锁针环上钩织长针

4 （接起针步骤 3）立织 3 针锁针计作 1 针长针。

5 钩针挂线后，从锁针环束挑拉出线圈至 2 针锁针的高度，继续挂线引拔。

6 形成 1 针未完成的长针，钩针继续挂线，引拔拉出。

7 完成 1 针长针。

8 完成所需的长针编织（这里是 11 针长针，加 3 针锁针立织的长针共计 12 针）。

9 钩针挑起立织的第 3 针锁针的上半针和里山，钩针挂线，引拔拉出。

10 完成这针引拔针，使这圈长针首尾相连，形成闭环。

环形编织的换色方法

同行换色方法

1 同行内换色时，在前1个短针最后1步引拔时，换上粉色新线，钩针将粉色线拉出。

2 用粉色线钩织1针短针。

3 继续用粉色线钩织短针。

4 再换线时同步骤1，在前1个短针最后1步引拔时换上蓝色线，引拔拉出蓝色线。

5 用蓝色线继续钩织。

6 这是环形编织的同行换色效果。

小贴士

往返编织不同行换色方法

1 在完成这行最后1针最后1步引拔时挂新线引拔拉出。

2 拉出新线后，逆时针翻转织片。

3 用新线钩织新行的针目。

4 本行末尾同步骤1，换新线钩织。

5 拉出新线后同步骤2，逆时针翻转织片后用新线钩织。

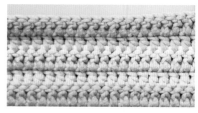

6 这是往返编织的不同行换色效果。

不同行换色方法 I
（在行末尾最后1针时换新色）

1 行末尾最后1针短针最后1步引拔时换新色（粉色），钩针将粉色线引拔拉出，完成这针短针。

2 钩针继续插入这一行的第1针短针头部的两根线，做引拔，完成环形连接。

3 这是引拔连接后的效果。

4 开始用粉线钩织新一行。

5 在本行末尾参见步骤1、2，换成蓝色线钩织。

6 用蓝色线钩织完成新一行。

不同行换色方法 II
（在行末尾最后引拔针时换新色）

1 完成行末尾的最后1针后，钩针插入第1个针目头部的两根线，换粉色线引拔拉出。

2 完成环形连接。

3 用新线钩织新一行。

4 在本行末尾参见步骤1，换蓝色线引拔拉出。

5 粉色行形成闭环后，钩针上挂着的线圈是蓝色。

6 用蓝色线钩织新一行。

花片的收针方法

1 钩织完祖母方块最后一针锁针后，剪断线，拉出线头，穿入毛线缝针中。

2 缝针从后往前如图从针目头部穿入。

3 拉出线圈后，缝针再插入最后 1 针针目中间，将线穿出（如图）。

4 收紧线头，整理缝针做出来的这个针目，使其与其他针目大小一致，藏好线头完成祖母方块的收针。

花片的连接方法

花片完成之后可以组合连接形成更多丰富的造型，平面的或立体的，这也是祖母方块的魅力所在。这里以 4 个方块花片组合的连接为例，介绍最简单常用的卷针缝和钩针引拔针连接的花片连接方法。

卷针缝 I
（挑取相邻整个针目）

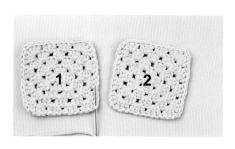

1 将花片1、花片2正面朝上并排放置。将毛线缝针插入花片1转角处中间针目，拉出缝针。

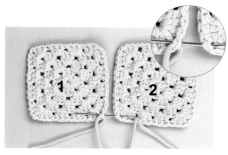

2 缝针从花片2转角处中间针目和花片1之前的针目穿过，拉出。

3 缝针继续从花片2和花片1对应的针目入针，往上缝合。

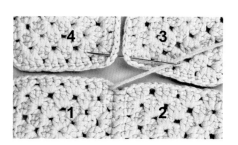

4 重复步骤3，直至缝到花片1、花片2上方转角处中间锁针。缝针继续穿过花片3、花片4转角中间针目，往上缝合。

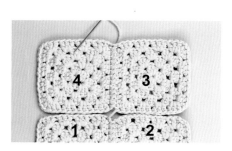

5 继续往上完成花片3、花片4的卷针缝。

6 参照步骤1～5，相同的方法卷针缝花片2和花片3，再缝合花片1和花片4。

卷针缝连接 II

（挑取相邻的半个针目）
这种方法最常用

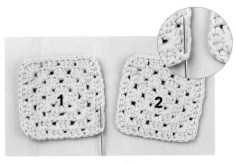

1 将花片1、花片2正面朝上并排放置。用毛线缝针挑取花片1转角处中间锁针的右侧半针，拉出。

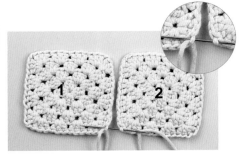

2 缝针挑取花片2转角处中间锁针的左侧半针、花片1之前的右侧半针，拉出。

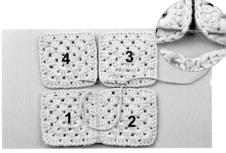

3 相同方法卷针缝至花片1、花片2上方转角的中间针目，再挑取花片3、花片4转角中间针目对应的半针，卷针缝。

4 卷针缝至花片3、花片4上方转角处中间锁针，断线。

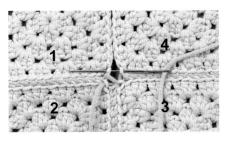

5 参照步骤1~4，卷针缝花片2和花片3。

6 继续卷针缝完成花片1与花片4的缝合，这是连接完成后的效果。

卷针缝Ⅲ
（挑取外侧的半个针目）

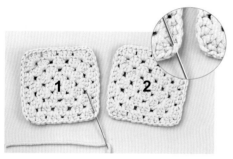

1　将花片1、花片2正面朝上并排放置。用毛线缝针挑取花片1转角处中间针目的左侧半针，拉出。

2　缝针挑取花片2转角处中间锁针的右侧半针和花片1之前的左侧半针，拉出。

3　缝针继续从花片2、花片1对应的半针入针，拉出，往上缝合。

4　相同方法卷针缝至花片1、花片2上方转角处中间针目，再挑取花片3、花片4转角处中间针目对应的半针，卷针缝。

5　继续往上缝完花片3、花片4上方转角处的中间针目后断线。

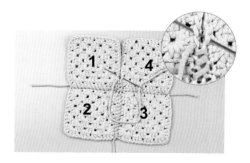

6　参照步骤1～5，相同的方法卷针缝花片2和花片3，然后缝合花片1和花片4。

钩针引拔针
（挑取相邻的半个针目）

1 将两片花片背面相对，从织物正面入针，穿过两个花片相邻的各半个针目，钩针挂线，引拔拉出。

2 钩出后的效果。

3 钩针继续穿过两个花片相邻的半个针目，钩针挂线，引拔拉出。

4 引拔拉出后的效果。

5 持续重复步骤1、2的操作。

6 完成这两个花片的拼接。

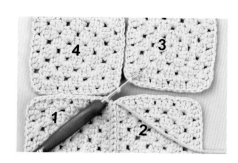

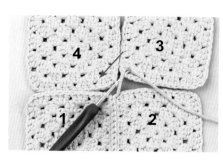

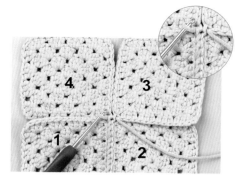

7 钩针继续插入花片 3 转角处中心针目左侧半个针目、花片 4 转角处中心针目右侧半个针目。

8 钩针挂线，按箭头所示方向引拔拉出。

9 这是引拔拉出后的效果，注意针目的松紧度，不宜太松或太紧。

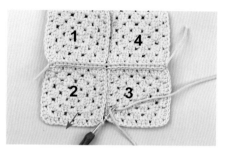

10 钩针插入花片 3、4 的相邻针目，继续往上引拔。

11 完成花片 3、4 的连接，断线。

12 钩针穿过花片 2 转角处中心针目右侧半个针目、花片 3 转角处中心针目左侧半个针目，挂线引拔拉出。

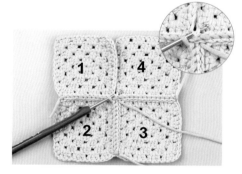

13 钩针穿过花片 2、3 相邻的半个针目，持续往上做引拔拼接。

14 一直拼接到花片 2、3 的转角处中心针，如图位置。

15 钩针穿过花片 4 和花片 1 转角处中心相邻的针目中。

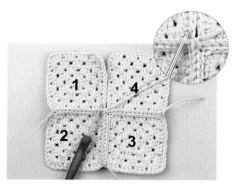

16 钩针挂线，完成中心针的引拔。

17 继续往上做引拔。

18 完成花片 1、4 的拼接，这是 4 个花片拼接后的效果。

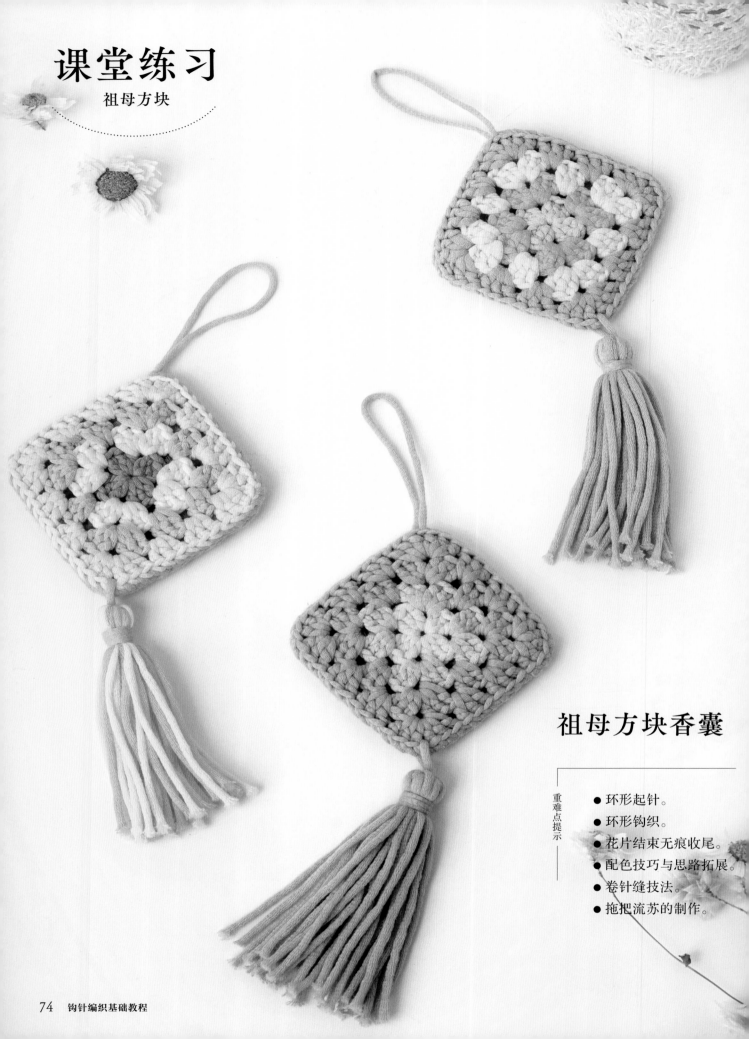

课堂练习
祖母方块

祖母方块香囊

重难点提示

- 环形起针。
- 环形钩织。
- 花片结束无痕收尾。
- 配色技巧与思路拓展。
- 卷针缝技法。
- 拖把流苏的制作。

祖母方块香囊

材　料　回归线·心趣：详见配色与用量表
工　具　钩针 4/0（2.5mm）
成品尺寸　主体宽 8cm，高 8cm

编织方法

- 环形起针，使用不同颜色的线钩织两片主体花片。
- 用卷针缝将两片花片缝合。
- 制作流苏，将流苏固定在主体底部。

配色与用量表

作品	毛线用量
1	薏米粉色 10g，栀子色 3g 冰蓝色 2g，奶酪色 5g
2	艾草色 10g，薏米粉色 3g 奶酪色 5g，薏粉色 2g
3	栀子色 5g，奶酪色 5g，茶白色 5g 薏米粉色 3g，青瓷色 3g

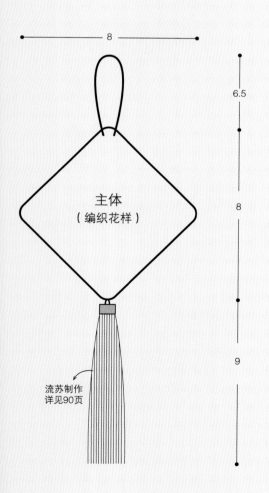

主体
（编织花样）

流苏制作
详见90页

编织花样

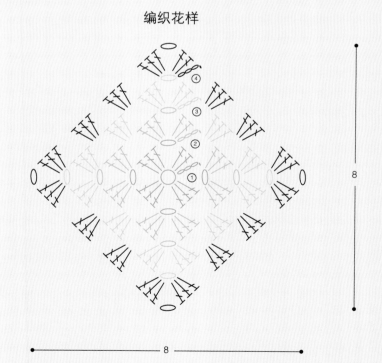

课后练习
祖母方块

刺绣束口袋

重难点提示

● 祖母方块的换色钩织练习。
● 在花片上做刺绣。
● 花片的引拔连接。
● 束口绳技法。

刺绣束口袋

材　　料　回归线·心趣：芝士色 50g，薏米粉色 30g，栀子色 15g
　　　　　回归线·晴语：叶绿色 10g，藤蔓色 10g
　　　　　毛衣缝针（刺绣用）
工　　具　钩针 4/0（2.5mm）
成品尺寸　宽 17cm，高 21cm
编织密度　花片：8.5cm × 8.5cm

编织方法

- 先钩织 8 个花片。用直线绣在每个花片上刺绣叶子。
- 拼接方法：花片正面相对，挑取相对花片的对应各半个针目，用钩针做引拔接合。
- 挑取花片边缘指定针目做边缘编织。
- 钩织 2 条束口绳，每条束口绳首尾皆留少许线头，束口绳穿入指定位置。

花片

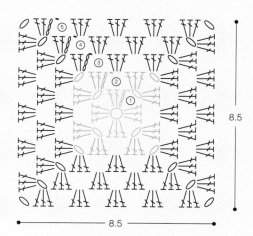

8.5

8.5

刺绣位置

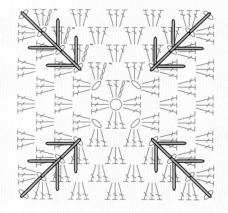

※ 用毛线缝针穿双股晴语叶绿色和双股晴语藤蔓色线，按图示位置做刺绣装饰。

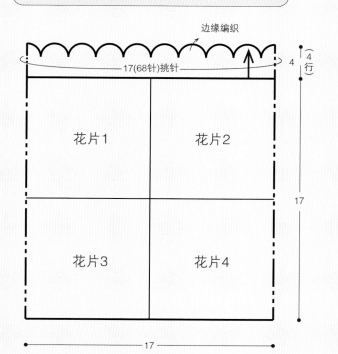

边缘编织

17(68针)挑针

4（4行）

花片1　花片2

花片3　花片4

17

17

※ 用钩针引拔针做花片的连接，详见 72 页

束口绳

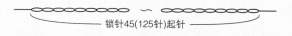

锁针45(125针)起针

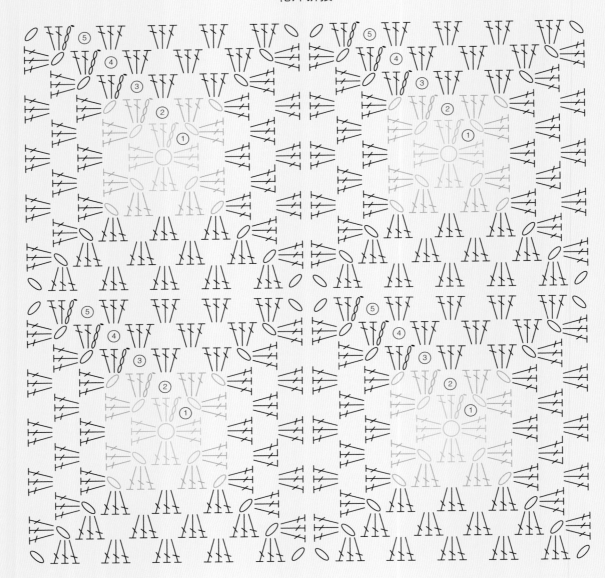

边缘编织

一个花样

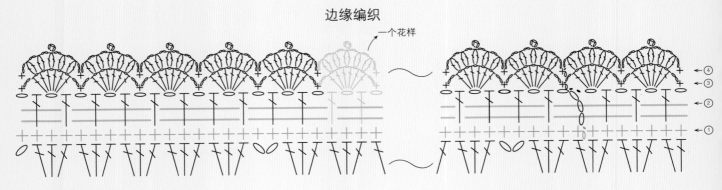

※ ═══ 束口绳位置

半指手套

● 祖母方块的换色钩织练习。
● 花片的卷针缝连接。
● 在花片上挑针钩织的方法。
● 花片补齐角度的技巧。

半指手套

材　　料　　回归线·念羽　浅灰色 25g，芝士色 15g，红木色 10g
工　　具　　钩针 4/0（2.5mm）、3/0（2.3mm）
成品尺寸　　宽 18cm，长 17cm
编织密度　　花片：6cm×7cm

编织方法

● 分别钩织 6 个单元花片，藏好线头，再将单元花片按序号用挑相邻半针的卷针缝方法连接，然后按图示做袖口的边缘编织。

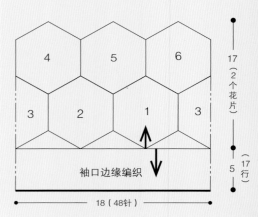

花片与花片、花片与袖口的连接

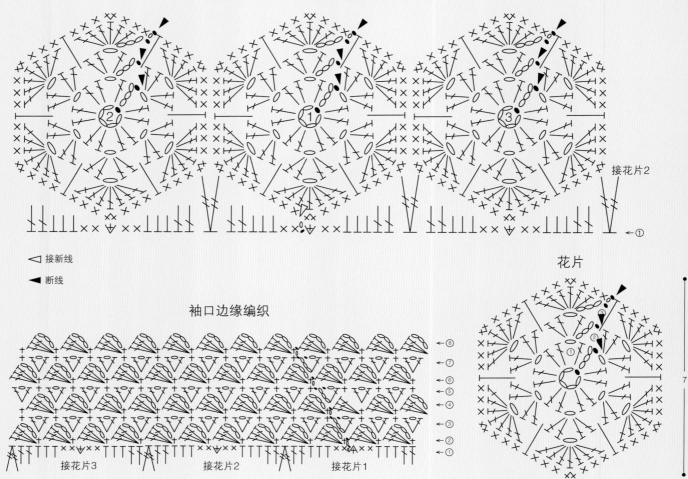

◁ 接新线
◀ 断线

袖口边缘编织

接花片3　　接花片2　　接花片1

花片

网眼编、
狗牙针、
串珠编织

网眼编

顾名思义网眼编有类似渔网的花型，以锁针与短针为主要针法。

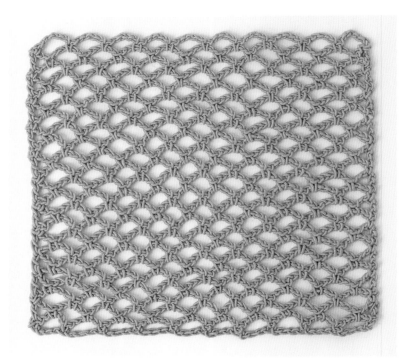

练习目的

- 学会网眼编织。
- 熟练掌握束挑与割挑的技巧。

编织说明

- 锁针起针41针，挑里山，钩织23行。
- 起针行使用相同针号或换粗1个针号的钩针。
- 钩织完成后，熨烫整型。

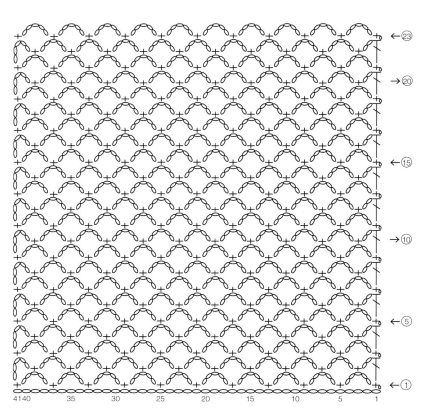

常见的锁针网眼编

3 针锁针的网眼编

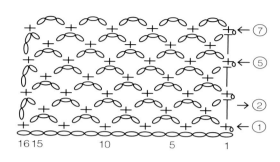

7 针锁针的网眼编

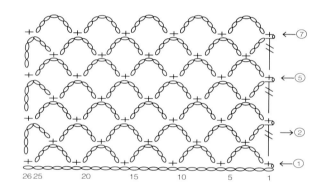

5 针锁针的三角形网眼编

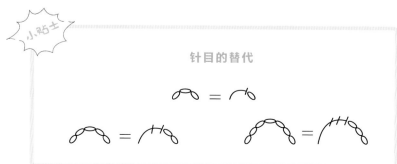

小贴士

针目的替代

狗牙针

在锁针上做些变化，产生类似蕾丝花边的突起花样效果。

常见的狗牙针

3 针锁针的狗牙针		

1 在完成的短针上钩织 3 针锁针。

2 钩针插入前一行针目头部的两根线。钩针挂线，拉出线圈。

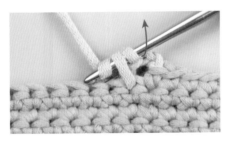

3 钩针继续挂线，引拔拉出。

4 完成这针短针。

5 粉色针目就是完成的 3 针锁针的狗牙针。

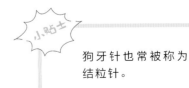

小贴士

狗牙针也常被称为结粒针。

3 针锁针的狗牙拉针
（在短针上钩织）

1 在完成的短针上，钩织3针锁针。

2 钩针挑起短针头部前侧半个针目和根部的1根线，钩针挂线，引拔拉出。

3 完成这针引拔针。

4 这是完成的3针锁针的狗牙拉针（在短针上钩织）。

3 针锁针的狗牙拉针
（在长针上钩织）

1 在完成的长针上钩织3针锁针。

2 钩针挑起长针头部前侧的半个针目和根部的1根线，钩针挂线，引拔拉出。

3 完成这针引拔针。

4 粉色针目就是完成的3针锁针的狗牙拉针（在长针上钩织）。

3 针锁针的狗牙拉针
（在锁针上钩织）

1 钩织 6 针锁针，钩针挑起第 3 针锁针外侧半针和里山。

6 针锁针

2 钩针挂线，钩织 1 针引拔针。

3 继续钩织 2 针锁针。

2 针锁针

4 挑取前一行整段锁针（束挑），钩织 1 针短针。

5 粉色针目就是完成后的 3 针锁针的狗牙拉针（在锁针上钩织）。

3 针锁针的短针狗牙针

1 在完成的短针上钩织 3 针锁针。

2 钩针挑起短针头部前侧半个针目和根部的 1 根线，钩针挂线，引拔拉出。

3 钩针继续挂线，引拔拉出。

4 完成1针短针。

5 粉色针目就是3针锁针的短针狗牙针。

串珠编织

编入珠子，是一种常用的装饰技法。钩织方法并无特别之处，只是钩织相应针目时先加入所需的珠子（1个或几个），再钩织即可。

在锁针编织中加入珠子

1 先将所需珠子提前穿入毛线中。

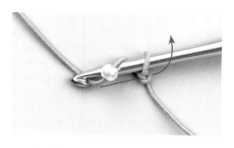

2 先钩织1针锁针，钩针挂线，拨入1颗珠子。

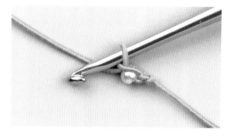

3 钩针引拔拉出。

4 继续拨入1颗珠子，钩针挂线，引拔拉出。

5 继续用同样的方法在锁针钩织中加入珠子。

6 这是完成后的效果。

在狗牙拉针编织中加入珠子

1 钩织1针锁针。

2 拿一支细钩针，穿入1颗珠子。

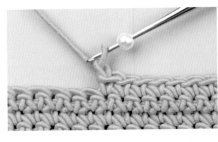

3 取下粗钩针，用细钩针挂住针目。

4 线圈从珠子中拉出再换回原来的钩针。

5 钩针挂线，引拔拉出。

6 继续钩织2针锁针。

7 钩针挑起短针头部前半个针目和根部的1根线，钩针挂线。

8 引拔拉出，完成这针带珠子的狗牙拉针。

9 这些针目就是狗牙拉针中加入珠子的效果。

在短针编织中加入珠子

1 钩针插入前一行针目头部的两根线，钩织1针未完成的短针。

2 用一支细钩针穿上珠子。将穿着珠子的细钩针，插入未完成短针的线圈中。

3 把线圈从珠子里拉出来，挂到粗钩针上，取下细钩针。

4 粗钩针挂线，引拔拉出。

5 完成这针带珠子的短针。

6 短针编织中加入珠子的效果。

在长针编织中加入珠子

在长针编织中加入 1 颗珠子

1 钩 1 针未完成的长针。

2 拿一支细钩针穿入珠子。再插入未完成长针的线圈中。

3 珠子滑入线圈，再把线圈套入粗钩针中，撤去细钩针。

4 钩针挂线。

5 完成这针加入 1 颗珠子的长针。

6 长针编织加入 1 颗珠子的效果。

在长针编织中加入 2 颗珠子

1 钩针挂线，插入前一行针目头部的两根线，拉出线圈到 2 针锁针的高度。

2 用一支细钩针穿入珠子。

3 细钩针插入粗钩针最左侧的线圈。

4 珠子滑入线圈中。

5 穿入珠子的线圈继续挂上粗钩针，撤去细钩针，钩针挂线，引拔拉出。

6 继续用细钩针将珠子穿入未完成的长针中。

7 穿入珠子的线圈挂到粗钩针上，钩针继续挂线。

8 完成这针长针。

9 长针编织加入 2 颗珠子的效果。

（上接 75 页祖母方块香囊）

拖把流苏制作

1 将毛线按需要长度绕出所需圈数，用另线从中间扎紧。

2 从扎紧处对折，将另线的一头用缝衣针从顶部中间穿过。

3 再另取一根线在离顶部约 1cm 处扎紧。

4 将另线的一头用毛线缝针再次从顶部中间穿过，在顶端形成一个挂环。

5 以第一次扎紧处作为顶部，将毛线翻转，包住原来的拖把头，再次扎紧。

6 将流苏整理好剪平，这样就形成一个饱满的拖把流苏。

雏菊装饰画

重难点提示

- 锁针钩织雏菊和花蕾。
- 长针钩织大雏菊。
- 花朵层层堆叠的组合方法。
- 叶子与花茎的钩织。
- 做成一束花的方法。

雏菊装饰画

材 料 回归线·心趣：
薏米粉色 5g，青瓷色 5g，
冰蓝色 5g，艾草色 5g，
栀子色 5g，奶酪色 5g，
茶白色 5g
回归线·知友：
天文绿色 5g
相框 1 个

工 具 钩针 4/0（2.5mm）

成品尺寸 长 22cm，宽 17cm

编织方法

- 根据图解编织不同花朵和叶子，编织时可根据喜好更换不同颜色。
- 雏菊和叶子编织完成以后，根据花朵分布图摆放，再用胶枪黏合固定。

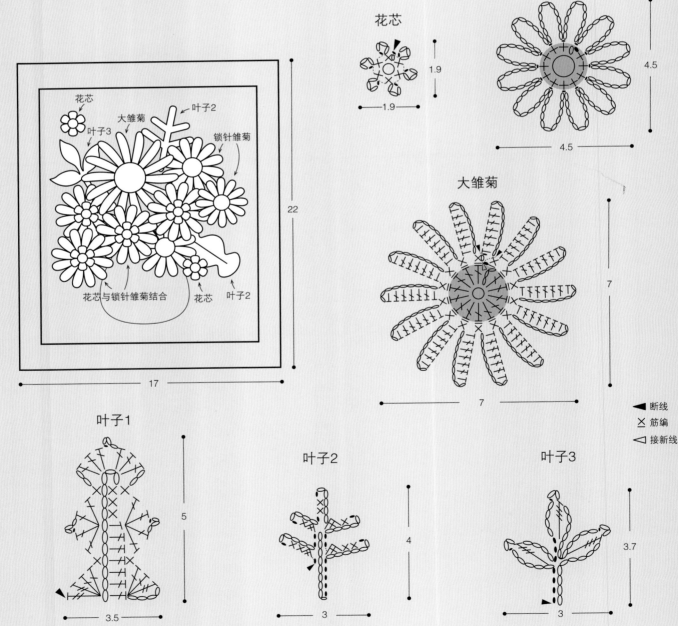

花芯

1.9

1.9

锁针雏菊

4.5

4.5

大雏菊

7

7

◀ 断线

╳ 筋编

◁ 接新线

叶子1

5

3.5

叶子2

4

3

叶子3

3.7

3

粉色发带

重难点提示

● 从织物中间往两端编织的方法。

● 从行里挑钩边缘花边的方法。

● 两端装皮筋圈的技巧。

粉色发带

材　料	回归线 · 晴语：粉酡色 35g，4cm 皮筋圈 1 个
工　具	钩针 3/0（2.3mm）
成品尺寸	宽 7cm，长 48cm
编织密度	10cm×10cm 面积内：44 针，8.5 行

编织方法

- 发带主体从中间起针往两端编织。
- 主体两端按图解减针。
- 钩织发带两侧的边缘编织。
- 用卷针缝固定皮筋圈在发带两端。

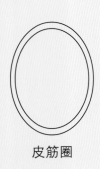

皮筋圈

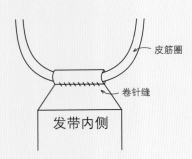

皮筋圈

卷针缝

发带内侧

※用卷针缝的方法将发带与皮筋圈缝合
　卷针缝详见69页

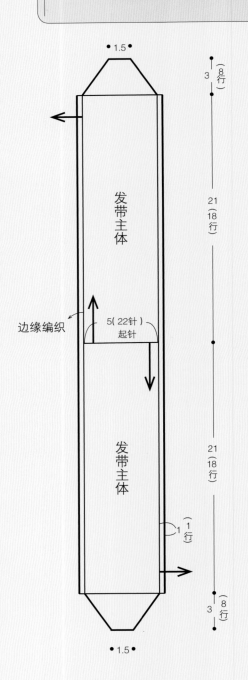

発帯主体花様和边缘编织花样

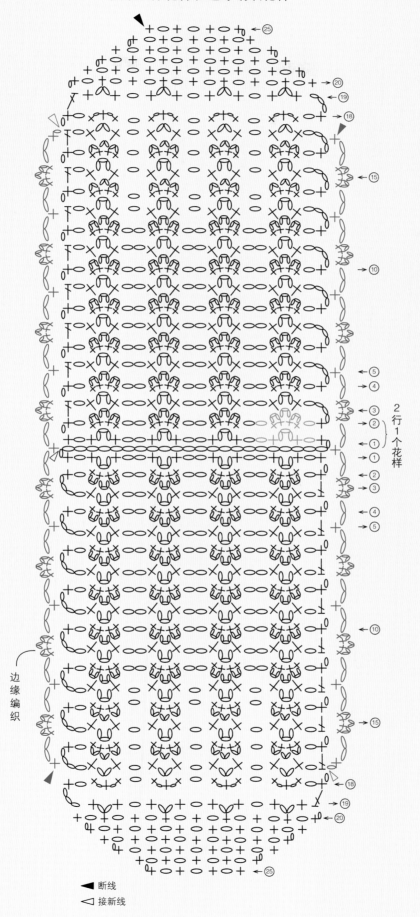

◀ 断线
◁ 接新线

绿色披肩

重难点提示

- 学习从领口开始向下钩织的方法。
- 锁针从3针、4针、5针的变化中分散加针。
- 在网眼编织中加入贝壳花样。
- 贝壳花样改变到扇形花样的变化规则。
- 领子边缘编织的技巧。

绿色披肩

材　　料	回归线·知友：天文绿色 200g
工　　具	钩针 7/0（4.0mm）
成品尺寸	上周长 60cm，下周长 160cm，高 30cm
编织密度	10cm × 10cm 面积内：3 针锁针的网眼编 7.5 个，11 行

编织方法

- 锁针起针 145 针，环形钩织。
- 按编织花样钩织斗篷的主体和边缘编织。
- 钩织领子的边缘编织。
- 整理熨烫，定型。

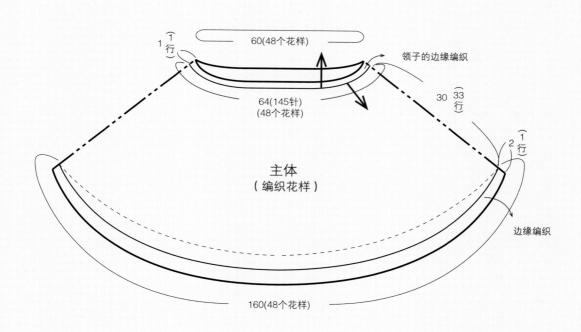

领子边缘编织

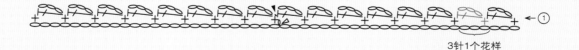

3针1个花样

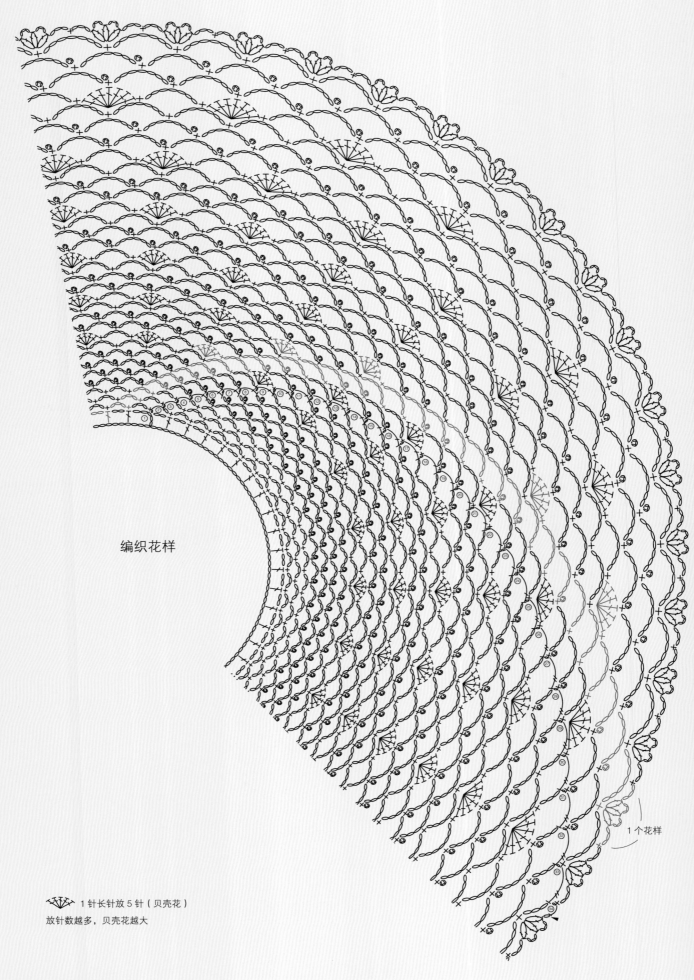

编织花样

1个花样

1针长针放5针（贝壳花）

放针数越多，贝壳花越大

枣形针

枣 形 针

连续钩织几个相同的未完成的长针（也可是中长针、长长针等）再合并为1针，钩织出的造型蓬松饱满，类似枣的外形。钩织符号下方闭合的代表割挑，下方不闭合的代表束挑。

织片练习 | 枣形针

练习目的

● 学会钩织枣形针，熟练掌握束挑与割挑的技巧。

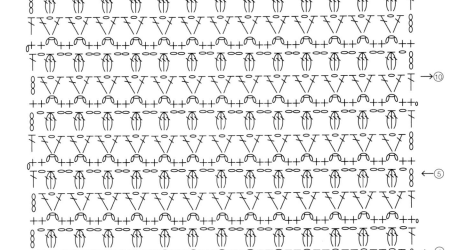

编织说明

● 锁针起针41针，挑里山，钩织16行。
● 起针行使用同号针或换粗1个针号的钩针。
● 钩织完成后，熨烫整型。

3 针长针的枣形针
（束挑）

1 钩针挂线，整段挑起前一行锁针。

2 钩织 1 针未完成的长针，继续挂线。

3 连续钩织 3 针未完成的长针后，钩针挂线，一次性引拔拉出。

4 完成这针 3 针长针的枣形针。

5 粉色针目就是完成的 3 针长针的枣形针（束挑）。

小贴士

相同方法可钩织
2 针长针的枣形针（束挑）

3 针长针的枣形针
（割挑）

1 钩针挂线，从前一行针目头部入针。

2 钩织 1 针未完成的长针，钩针继续挂线。

3 在同一个针目处，连续钩织 3 针未完成的长针，钩针挂线，一次性引拔拉出。

4 完成这针 3 针长针的枣形针。

5 粉色针目就是完成的 3 针长针的枣形针（割挑）。

小贴士

相同方法可钩织
2 针长针的枣形针（割挑）

3针中长针的枣形针
（束挑）

1 钩针挂线，整段挑起前一行锁针。

2 线圈拉至2针锁针的高度，钩针继续挂线。

3 连续钩出3针未完成的中长针，钩针挂线，从钩针上的所有线圈中拉出。

4 完成这针3针中长针的枣形针。

5 粉色针目就是完成的3针中长针的枣形针（束挑）。

小贴士

相同方法可钩织
2针中长针的枣形针（束挑）

3针中长针的枣形针
（割挑）

1 钩针挂线，从前一行针目的头部入针。

2 线圈拉至2针锁针的高度，钩针继续挂线。

3 在同一个针目处连续钩出3针未完成的中长针，钩针挂线，引拔拉出。

4 完成这针3针中长针的枣形针。

5 粉色针目就是完成的3针中长针的枣形针（割挑）。

小贴士

相同方法可钩织
2针中长针的枣形针（割挑）

5 针长针的枣形针
（束挑）

1　整段挑起前一行锁针，钩织 1 针
未完成的长针，然后钩针挂线。

2　继续钩织，共钩织 5 针未完成
的长针。钩针挂线，一次性引
拔拉出。

3　完成这针 5 针长针的枣形针。

4　粉色针目就是 5 针长针的枣形
针（束挑）。

5 针长针的枣形针
（割挑）

1　钩针从前一行针目头部入针，
钩织 1 针未完成的长针，钩针
再次挂线。

2　在同一个针目处共钩织 5 针未
完成的长针。钩针挂线，一次
性引拔拉出。

3　完成这针 5 针长针的枣形针。

4　粉色针目就是 5 针长针的枣形
针（割挑）。

3针长长针的枣形针（束挑）

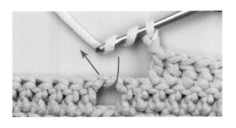

1　钩针上绕2圈线，整段挑起前一行锁针。

2　钩织1针未完成的长长针，钩针继续挂线。

3　在同一位置钩织3针未完成的长长针。钩针挂线，引拔拉出。

4　完成这针3针长长针的枣形针。

5　粉色针目就是3针长长针的枣形针（束挑）。

3针长长针的枣形针（割挑）

1　钩针上绕2圈线，从前一行针目的头部入针。

2　钩织1针未完成的长长针，钩针继续挂线。

3　在同一个针目处钩织3针未完成的长长针后钩针挂线，引拔拉出。

4　完成这针3针长长针的枣形针。

5　粉色针目就是3针长长针的枣形针（割挑）。

变形的中长针枣形针
（束挑）

1 钩针挂线，整段挑起前一行锁针。

2 连续钩织3针未完成的中长针，此时钩针上有7个线圈。挂线引拔。

3 从前6个线圈中引拔拉出后，再挂线，引拔拉出。

4 引拔拉出，完成这针枣形针。

5 粉色针目就是变形的中长针枣形针（束挑）。

变形的中长针枣形针
（割挑）

1 钩针挂线，从前1行针目头部入针。

2 在同一针目处连续钩3针未完成的中长针，此时钩针上有7个线圈，挂线引拔。

3 从前6个线圈中引拔后拉出，再挂线，再引拔。

4 引拔拉出，完成这针枣形针。

5 粉色针目就是变形的中长针枣形针（割挑）。

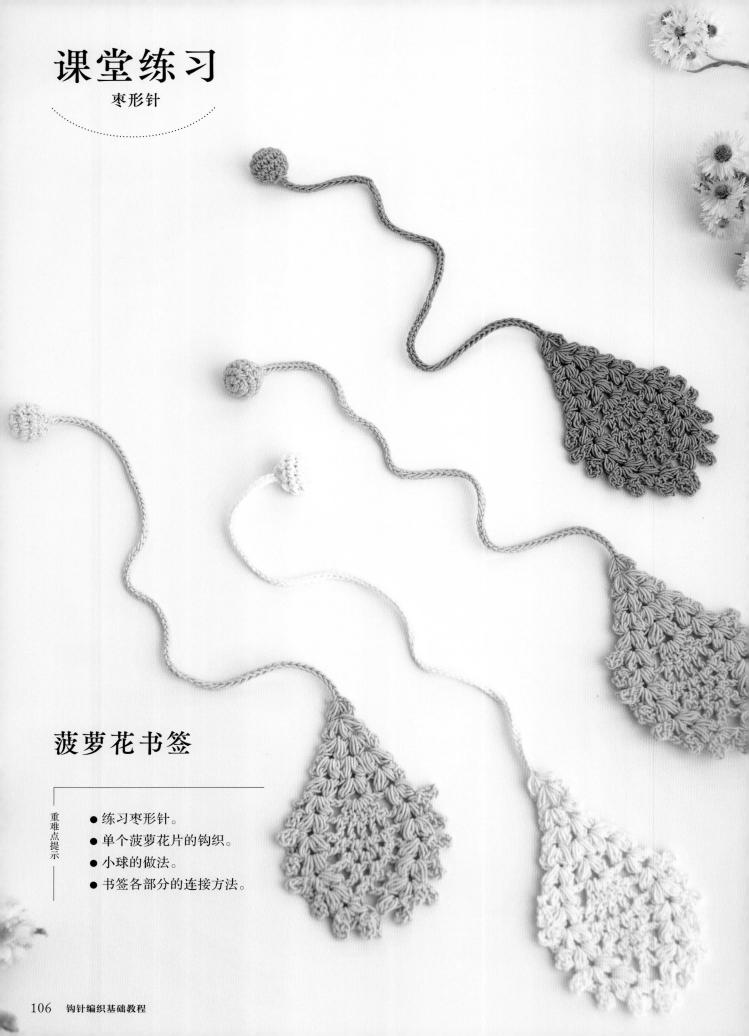

课堂练习
枣形针

菠萝花书签

重难点提示

- 练习枣形针。
- 单个菠萝花片的钩织。
- 小球的做法。
- 书签各部分的连接方法。

菠萝花书签

材　料	回归线·晴语：梨黄色、砂石色、荼白色、叶绿色各5g
工　具	钩针2/0（2.0mm）
成品尺寸	宽5cm，长26.5cm

编织方法

● 按图解先钩织绳子，接着钩织菠萝花主体。

● 小球单独钩织完成后缝在绳子的另一端，完成书签。

主体编织花样

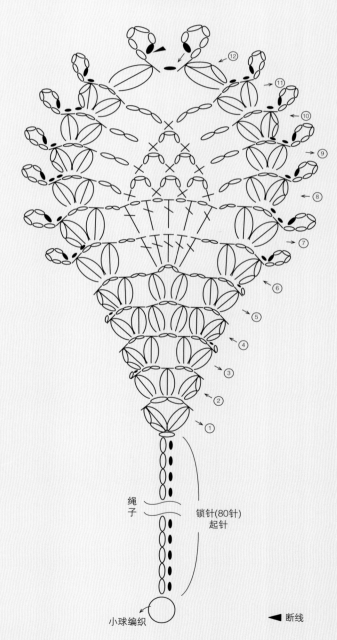

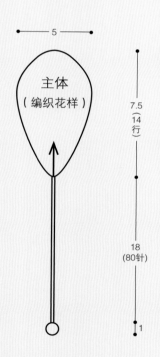

主体
（编织花样）

7.5
（14行）

18
（80针）

5

小球编织花样

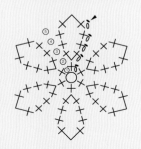

绳子

锁针(80针)
起针

小球编织

◀ 断线

课后练习
枣形针

中长针枣形针围巾

重难点提示

- 中长针枣形针的
  练习。
- 从织物中间往两
  端编织的方法。
- 在主体四周挑钩
  边缘花边的方法。
- 菠萝花样的练习。

中长针枣形针围巾

材 料	回归线·知友：西米色 250g
工 具	钩针 5/0（3.0mm）
成品尺寸	宽 20.5cm，长 158cm
编织密度	10cm×10cm 面积内：编织花样 23.5 针，13 行

编织方法

- 锁针起针 39 针后，挑里山往上钩织主体编织花样 105 行。
- 从起针行的另一头向下钩织主体编织花样 105 行。
- 按边缘编织图解，接新线，环形钩织 3 行边缘花样。

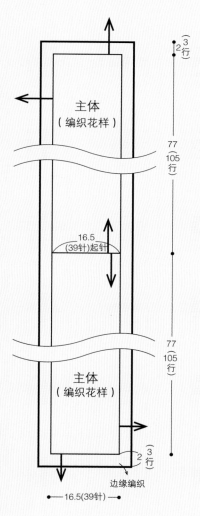

主体编织花样

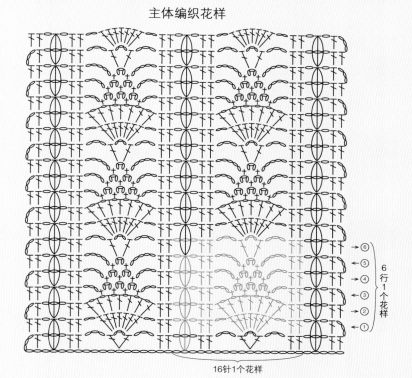

16针1个花样

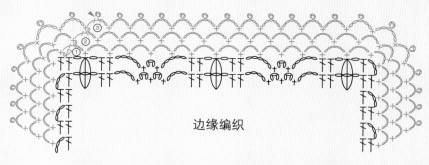

边缘编织

双色斜挎包

- 环形钩织椭圆形包底。
- 中长针枣形针的加强练习。
- 同一款作品粗细线结合的钩织体验。
- 包带的缝合。

双色斜挎包

材　　料	回归线·心趣：艾草色100g
	回归线·晴语：梨黄色20g
工　　具	钩针4/0（2.5mm），起针2/0（2.0mm）
成品尺寸	宽20.5cm，高15cm
编织密度	10cm×10cm面积内：编织花样A 22针，13.5行

编织方法

- 先按图1所示环形编织包底和主体（编织花样A）。接着用晴语毛线按绿色标示钩织1行短针。
- 按图2所示用晴语毛线往返编织翻盖（编织花样B），然后再钩织2行边缘编织。
- 钩织包带，并用卷针缝缝合在包带内侧位置。

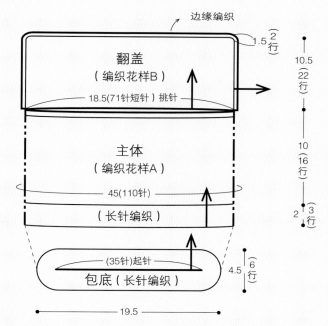

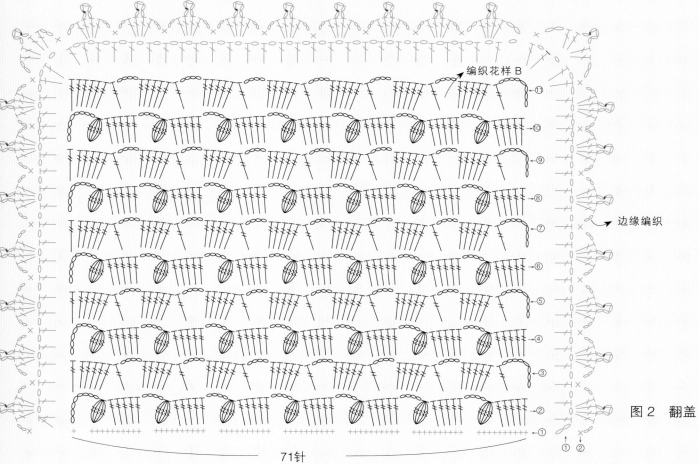

图2　翻盖

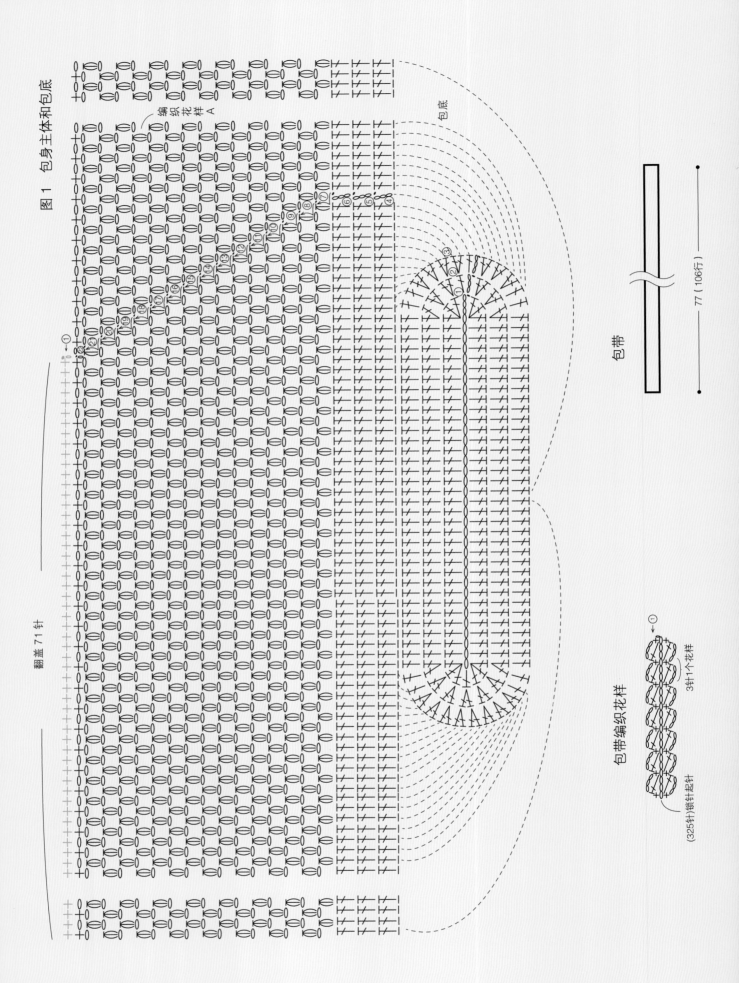

图1 包身主体和包底

编织花样A

包底

翻盖 71 针

包带

——77 (106行)——

包带编织花样

3针1个花样

(325针)锁针起针

爆米花针

爆米花针

与枣形针类似，都是蓬松，圆润，但比枣形针立体感更强。枣形针是将未完成的针目合并织1针，而爆米花针则是将完成的针目引拔成1针。注意爆米花针编织符号顶部是类似锁针的"◯"，不是"—"。

织片练习 | 爆米花针

练习目的
- 学习爆米花针的钩织方法。
- 注意爆米花针的正面钩织与反面钩织的不同情形。

编织说明
- 锁针起针43针，挑里山，钩织15行。

5 针长针的爆米花针
（束挑）

正面行钩织

1 整段挑起前一行锁针，先钩织 1 针长针。钩针挂线，继续钩织长针。

2 连续钩织 5 针长针，拉长线圈，拿下钩针，再把钩针从前往后插入第 1 个长针的头部。

3 钩针从前往后穿过之前拉长的线圈，把线圈从第 1 针头部拉出。

4 钩针挂线，钩织 1 针锁针。

5 完成这针 5 针长针的爆米花针。

6 这是正面行束挑钩织完成的效果。

反面行钩织

1 钩针挂线，整段挑起前 1 行锁针，钩织 1 针长。

2 连续钩织 5 针长针，拉长线圈，拿下钩针，再把钩针从后往前插入第 1 个长针头部的针目。

3 钩针从后往前穿过之前拉长的线圈，把线圈从第 1 个长针头部的针目中拉出。

4 钩针挂线，钩织 1 针锁针。

5 完成这针 5 针长针的爆米花针。

6 这是反面行束挑钩织完成的效果。

5针长针的爆米花针
（割挑）

正面行钩织

1 从前一行长针的头部入针，钩织1针长针，钩针挂线。

2 连续钩织5针长针，拉长线圈，拿下钩针，再把钩针从前往后插入第1针长针的头部。

3 钩针再穿入之前拉长的线圈，把线圈从第1针长针头部拉出。

4 钩针挂线，钩织1针锁针。

5 完成这针5针长针的爆米花针。

6 这是正面行割挑钩织完成的效果。

反面行钩织

1 在同1个针目中连续钩织5针长针。

2 拉长线圈，拿下钩针，再把钩针从后往前插入第1个长针头部的针目。

3 钩针继续穿过之前拉长的线圈，把线圈从第1针长针头部的针目中拉出。

4 钩针挂线，钩织1针锁针。

5 完成这针5针长针的爆米花针。

6 这是反面行割挑钩织完成的效果。

5 针长长针的爆米花针
（束挑）

1 整段挑起前一行锁针，钩织 1 针长长针后，钩针继续绕线 2 圈。

2 连续钩织 5 针长长针，拉长线圈，拿下钩针，钩针从前往后插入。

3 钩针再穿入之前拉长的线圈，把线圈从第 1 个长长针的头部拉出。

4 钩针挂线，钩织 1 针锁针。

5 完成这针 5 针长长针的爆米花针。

6 这是正面行束挑钩织完成的效果。

5 针长长针的爆米花针
（割挑）

1 钩针绕线 2 圈，钩针从需要钩织位置针目的头部入针。

2 钩织 1 针长长针，钩针继续绕线 2 圈。

3 连续钩织 5 针长长针。拉长线圈，拿下钩针，钩针从前往后插入。

4 钩针继续穿过之前拉长的线圈，把线圈从第 1 针长长针的头部拉出。钩针继续挂线。

5 完成这针 5 针长长针的爆米花针。

6 这是正面行割挑钩织完成的效果。

5针中长针的爆米花针
（束挑）

1 整段挑起前一行锁针，钩织中长针，然后挂线。

2 连续钩织5针中长针。拉长线圈，拿下钩针，把钩针从后往前插入。

3 钩针继续穿过之前拉长的线圈，把线圈引拔拉出。

4 钩针挂线，钩织1针锁针。

5 完成这针5针中长针的爆米花针。

6 这是正面行束挑钩织完成的效果。

5针中长针的爆米花针
（割挑）

1 钩针从需要钩织位置针目头部入针，钩织中长针，然后挂线。

2 在同一针目位置，连续钩织5针中长针。

3 拉长线圈，拿下钩针，把钩针从前往后插过第1个中长针的头部。把之前拉长的线圈引拔拉出。

4 钩针挂线，钩织1针锁针。

5 完成这针5针中长针的爆米花针。

6 这是正面行割挑钩织完成的效果。

耳机包

重难点提示

● 爆米花针与枣形针的区别。
● 花片无痕引拔连接的方法。
● 做狗牙针搭扣的方法。
● 在编织物上钉扣子。

耳机包

材　　料	回归线·心趣：详见配色与用量表
工　　具	钩针 4/0（2.5mm）
成品尺寸	长 8cm，宽 8cm
编织密度	花片：8cm × 8cm

编织方法

● 前片 4 色钩织，后片单色钩织。

● 拼接方法：花片背面相对，挑取相对花片的相邻半个针目，用钩针引拔连接。

配色与用量表

作品	毛线用量
1	奶酪色 10g，栀子色 3g 冰蓝色 5g，青瓷色 2g
2	海蓝色 10g，冰蓝色 3g 奶酪色 5g，薏米粉色 2g
3	栀子色 10g，奶酪色 3g 薏米粉色 5g，海蓝色 2g

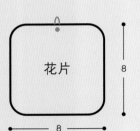

花片

8

8

后片
（枣形针）

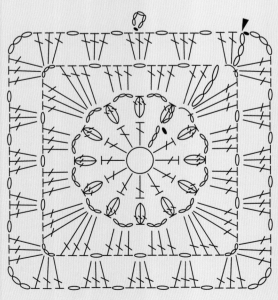

前片
（爆米花针）

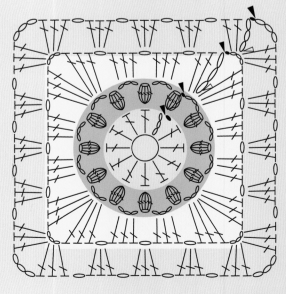

◀ 断线

◁ 接新线

纸巾盒套

- 从长方形包底直接往上环形钩织的方法。
- 束口绳子的巧妙使用。

纸巾盒套

材　料	回归线·心趣：薏米粉色 120g
工　具	钩针 4/0（2.5mm）
成品尺寸	长 21.5cm，宽 13.5cm，高 10cm
编织密度	10cm × 10cm 面积内：长针编织 24 针，13 行

编织方法

- 锁针起针 49 针，钩织 34 行短针，完成包底（图 4）。
- 包底四周按指定针目挑针，共挑起 170 针，环形钩织 1 行短针，继续往上钩织主体部分，详见图 1～3。
- 完成包口的边缘编织（图 5）。
- 钩束口绳 2 根，按系带子位置所示，穿入主体中。
- 穿入束口绳完成纸巾盒。

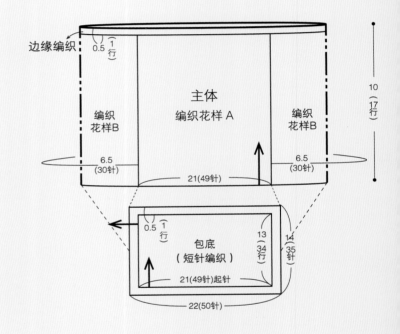

边缘编织　0.5（1 行）

主体
编织花样 A

编织
花样 B

编织
花样 B

6.5（30针）　　21（49针）　　6.5（30针）

10（17 行）

0.5（1 行）

包底
（短针编织）

13（34 行）　14（35 针）

21（49针）起针

22（50针）

图 1　编织花样 A

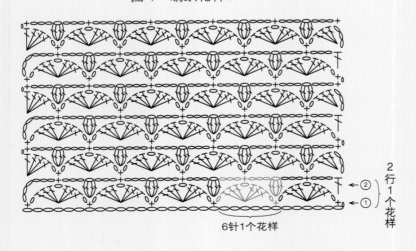

6 针 1 个花样

2 行 1 个花样

图 2　编织花样 B

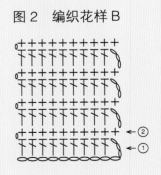

图3 花样 A 与花样 B 的连接，主体与包底的连接

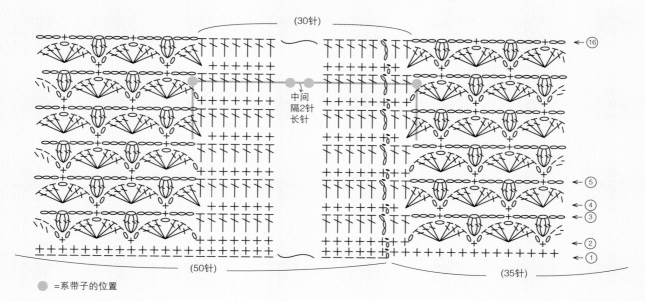

(30针)

中间
隔2针
长针

← ⑯

← ⑤
← ④
← ③
← ②
← ①

(50针)

(35针)

● =系带子的位置

图4 包底

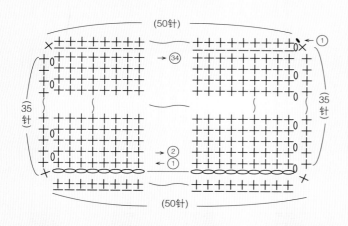

(50针)

→ ㉞

→ ②
← ①

① •

×

×

{35针}

{35针}

(50针)

图6 束口绳子（2根）双重辫子

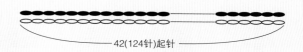

42(124针)起针

图5 边缘编织

← ⑰

方形抱枕

重难点提示

● 抱枕的编织方法。
● 用钩针引拔针拼接抱枕两侧。
● 钩织蕾丝花边的方法。

方形抱枕

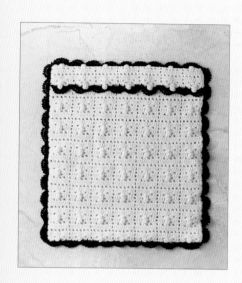

材　　料	回归线・心趣：芝士色 260g
	回归线・晴语：黑墨色 30g
工　　具	钩针 4/0（2.5mm）
成品尺寸	长 45cm，宽 39cm
编织密度	10cm × 10cm 面积内：花样 A 24.5 针，11.5 行

编织方法

● 按主体编织花样编织完成靠垫主体，按折叠线 a、b 折叠，折叠后的左右两侧，用短针拼接。

● 在主体背面四周钩织边缘编织 A，翻盖边缘钩织边缘编织 B。

● 利用编织花样中的小球作为纽扣。

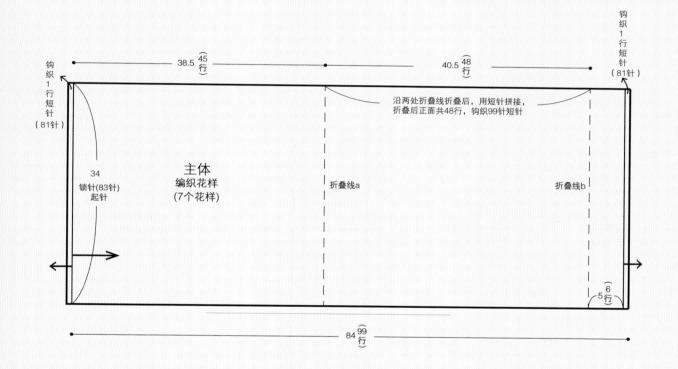

钩织 1 行短针（81针）

38.5 ⁴⁵(行)　　40.5 ⁴⁸(行)

钩织 1 行短针（81针）

沿两处折叠线折叠后，用短针拼接，折叠后正面共48行，钩织99针短针

34 锁针(83针)起针

主体 编织花样 (7个花样)

折叠线a　　折叠线b

⑥⁵(行)

84 ⁹⁹(行)

边缘编织 B
（翻盖边缘，往返编织）

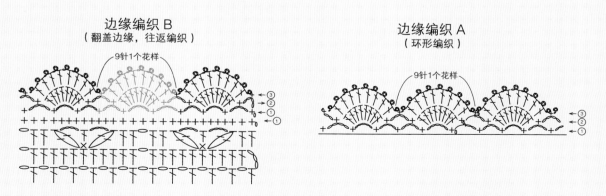

9针1个花样

③②①

边缘编织 A
（环形编织）

9针1个花样

③②①

主体编织花样

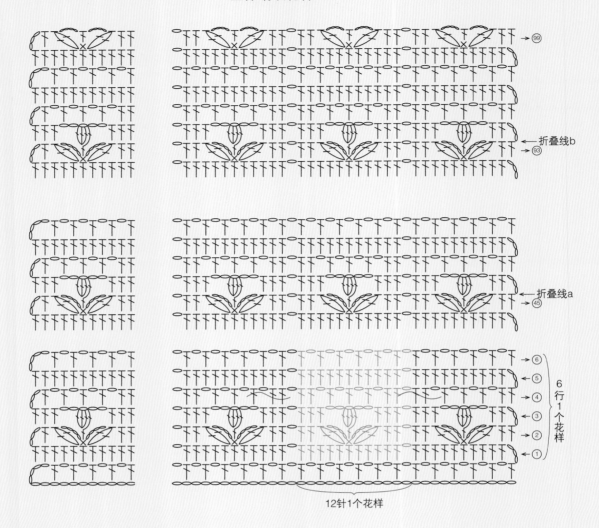

→ 99

→ 折叠线b
→ 93

→ 折叠线a
→ 45

→ 6
→ 5
→ 4
→ 3
→ 2
→ 1

6行1个花样

12针1个花样

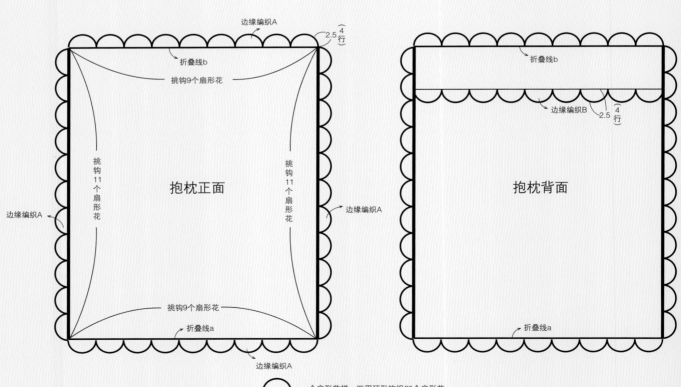

边缘编织A

2.5 (4行)

折叠线b
挑钩9个扇形花

折叠线b

边缘编织B
2.5 (4行)

挑钩11个扇形花

挑钩11个扇形花

抱枕正面

抱枕背面

边缘编织A

边缘编织A

挑钩9个扇形花

折叠线a

折叠线a

边缘编织A

⌒ =一个扇形花样，四周环形钩织20个扇形花

拉针

拉针

拉针只是改变了插入钩针的位置，钩织短针、长针时都是从头部入针，钩织拉针是从根部入针，钩织方法并不改变，符号上的弯钩形象地表达了将针目根部拉起之意。

织片练习 | 拉针

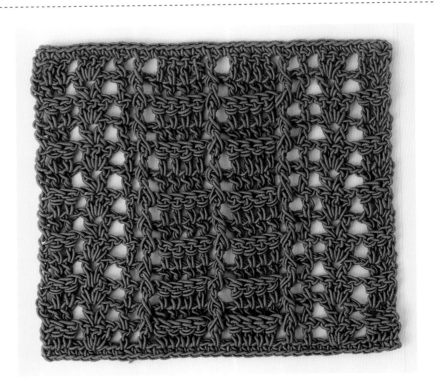

练习目的

● 学习长针的正拉针与长针的反拉针钩编方法。

● 注意长针的正拉针、反拉针在正面与反面钩织的不同情形。

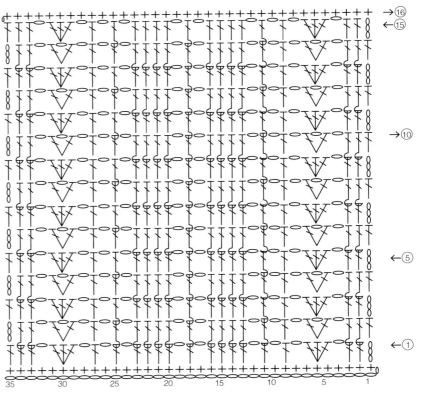

编织说明

● 锁针起针 35 针，挑里山，钩织 15 行。

长针的正拉针
又称外钩长针

1 钩针挂线，从前一行针目的根部前方入针。

2 挑起前一行针目的状态，钩针挂线，引拔拉出。

3 将线拉至3针锁针的高度，钩针继续挂线，引拔拉出。

4 钩针再次挂线，引拔拉出。

5 完成这针长针的正拉针。

6 粉色针目就是完成的长针的正拉针。

长针的反拉针
又称内钩长针

1 钩针挂线，从前一行针目的根部后方入针，压住前一行针目。

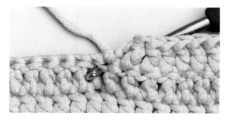

2 钩针压住前一行针目的根部。

3 钩针挂线后将线拉出至3针锁针的高度，钩针继续挂线，引拔拉出。

4 钩针再次挂线，引拔拉出。

5 完成这针长针的反拉针。

6 粉色针目就是完成的长针的反拉针。

短针的正拉针
又称外钩短针

1 从前一行针目的根部前方入针。

2 挑起前一行针目的根部。

3 钩针挂线，将线圈拉出。

4 钩针再次挂线，引拔拉出。

5 完成这针短针的正拉针。

6 粉色针目就是完成的短针的正拉针。

短针的反拉针
又称内钩短针

1 钩针挂线，从前一行针目的根部后方入针。

2 钩针压住前一行针目的根部。

背面

3 钩针挂线，将线圈拉出。

4 钩针再次挂线，引拔拉出。

5 完成这针短针的反拉针。

6 粉色针目就是完成的短针的反拉针。

中长针的正拉针
又称外钩中长针

1 钩针挂线，从前一行针目的根部前方入针，挑起根部。

2 这是挑起前一行针目的状态。

3 钩针继续挂线，将线圈拉出。

4 将线拉出至3针锁针的高度，钩针继续挂线，引拔拉出。

5 完成这针中长针的正拉针。

6 粉色针目就是完成的中长针的正拉针。

中长针的反拉针
又称内钩中长针

1 钩针挂线，从前一行针目的根部后方入针，压住根部。

2 钩针压住前一行针目的根部。

背面

3 钩针继续挂线，将线圈拉出。

4 将线拉出至3针锁针的高度，钩针继续挂线，引拔拉出。

5 完成这针中长针的反拉针。

6 粉色针目就是完成的中长针的反拉针。

拉针的变化

拉针与短针、中长针、长针等一样可以并针、加针或交叉，变化方法也类似，只是入针位置在针目的根部。

| 2针长针的正拉针并1针 | |  |

1 钩针挂线，从前一行长针的根部前方入针，挑起前一行针目。

2 钩织1针未完成的长针的正拉针。钩针继续挂线。

3 再钩织1针未完成的长针的正拉针，钩针挂线，引拔钩出。

4 完成这针2针长针的正拉针并1针。

5 粉色针目就是完成的2针长针的正拉针并1针。

1 针放 2 针长针的正拉针

1 钩针挂线，从前一行针目的根部前方入针，挑起前一行针目。

2 钩织 1 针外钩长针后，钩针继续挂线，在同一位置入针。

3 在同一个位置再钩织 1 针长针的正拉针。

4 粉色针目就是完成的 1 针放 2 针长针的正拉针。

1 针长针的正拉针交叉
（中间加 1 针锁针）

1 钩针挂线，从前一行往左侧数第 3 个针目根部入针，挑起。

2 这是挑起这个针目根部的状态。钩针挂线。

3 钩织完这针长针的正拉针，钩针挂线，钩织 1 针锁针。

4 钩针继续挂线。

5 钩针从之前留的第 1 个针目根部的位置入针，再钩织 1 针长针的正拉针，完成交叉。

6 粉色针目就是完成的 1 针长针的正拉针交叉（中间加 1 针锁针）。

课堂练习
拉针

杯垫

● 识别正拉针在正面行钩织与
反面行钩织的不同。
● 边缘编织的技巧。
● 锁针钩织挂环的方法。

杯垫

材　　料　回归线·心趣：详见配色与用量表
工　　具　钩针 4/0（2.5mm）
成品尺寸　长 10cm，宽 10cm
编织密度　花片：9cm × 9cm

编织方法

● 按主体编织花样完成杯垫主体。
● 接其他颜色线在四周钩织狗牙针花边，一并钩织出杯垫挂环。

主体编织花样

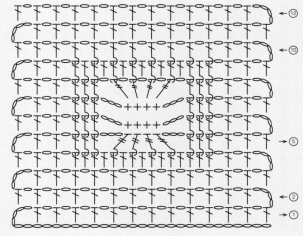

6
(14针)

↑

←

主体
（编织花样）

→

9
(12行)

9
(27针)起针

↑

0.5(1行)

边缘编织

9(27针)

配色与用量表

作品	毛线用量
1	薏米粉色 10g，青瓷色 2g
2	冰蓝色 10g，艾草色 2g
3	奶酪色 10g，海蓝色 2g

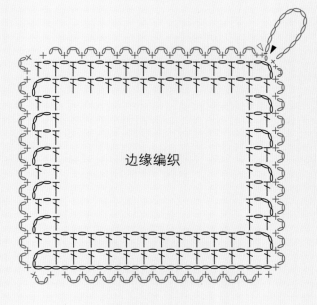

边缘编织

◀ 断线　◁ 接新线

扇形花斗篷

重难点提示

- 立体扇形花与平面扇形花的对比。
- 扇形花样与段染线的完美呈现。
- 熟练掌握正拉针（外钩）与反拉针（内钩）的技法。
- 领子边缘的钩织方法。
- 边缘的扇形花钩织。
- 侧边拼接技巧。

扇形花斗篷

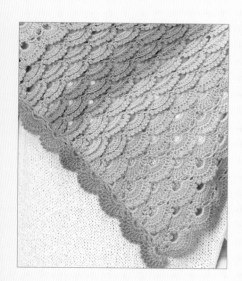

材　料	回归线·念羽：海岸色150g
工　具	钩针4/0（2.5mm）
成品尺寸	长90cm，宽30cm
编织密度	10cm×10cm面积内：花样A、B各为7个花样，13行

编织方法

● 使用5针锁针1针长长针成环的方法起针，钩织21个环形花样。从中间往两侧分别按图1钩织。

● 按图2将☆与☆做肩部连接。

● 领子和下摆分别钩织边缘编织。

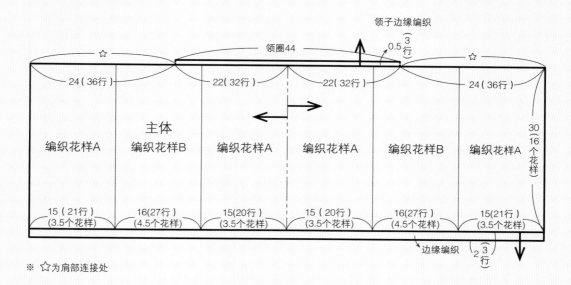

领子边缘编织

领圈44

0.5 （3行）

☆　　　　　　　　　　　　　　　　　　　　　　　　☆

24（36行）　　22（32行）　　22（32行）　　24（36行）

主体

编织花样A　编织花样B　编织花样A　编织花样A　编织花样B　编织花样A

30（16个花样）

15（21行）　16（27行）　15（20行）　15（20行）　16（27行）　15（21行）
（3.5个花样）（4.5个花样）（3.5个花样）（3.5个花样）（4.5个花样）（3.5个花样）

边缘编织 2（3行）

※ ☆为肩部连接处

图2　肩部连接、领子边缘编织

领中心

一个花样

肩部连接

图 1　主体编织花样

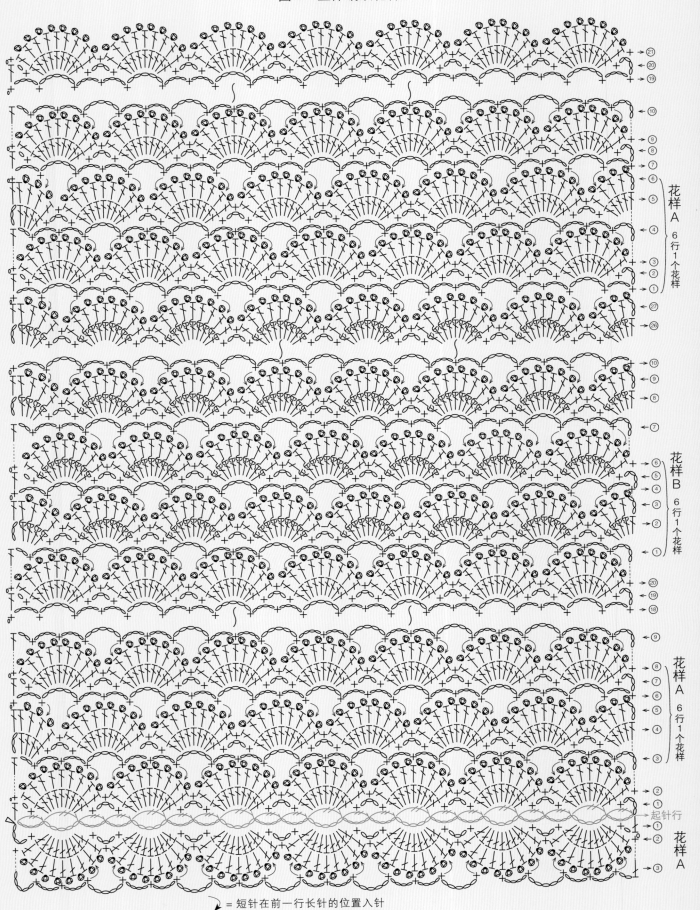

= 短针在前一行长针的位置入针

边缘编织

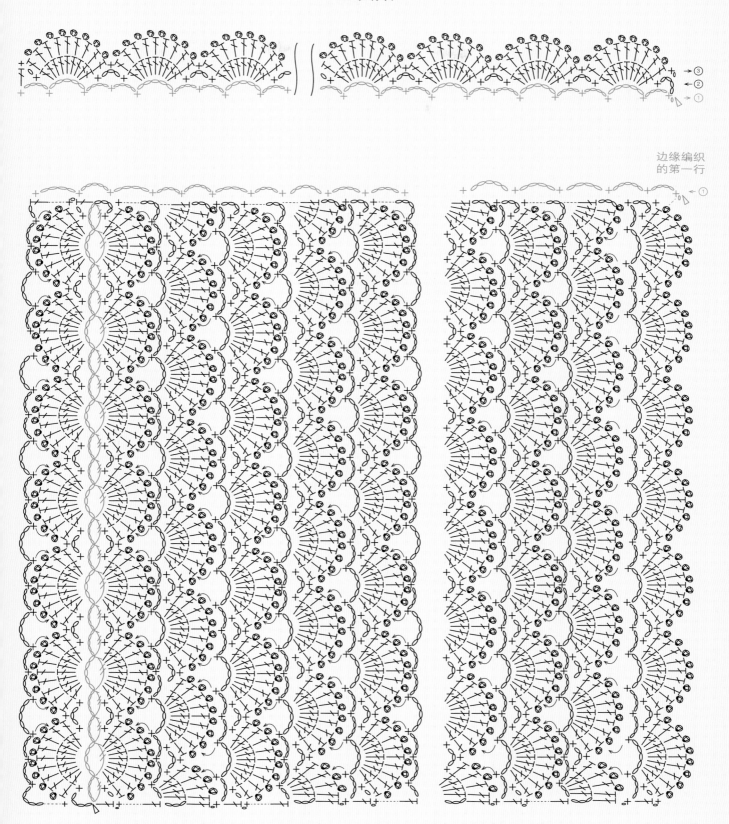

边缘编织
的第一行

多用配色圆筒包

● 配色钩织的技巧。

● 熟练掌握长针的正反拉针。

多用配色圆筒包

材　　料　回归线·心趣：艾草色 50g
青瓷色 15g，奶酪色 40g，薏米粉色 15g
工　　具　钩针 4/0（2.5mm）
成品尺寸　宽 22cm，高 14cm
编织密度　10cm × 10cm 面积内：编织花样 B 26.5 针，15 行

编织方法

● 先按编织花样 A 钩织包底。

● 继续编织主体，注意配色的变化。

● 钩织提手部分时从主体的每个花样中钩出 12 针，一共钩出 144 针。

配色及加针

提手艾草绿色	1~7 行	144 针	
主体配色	17 行	120 针薏米粉色	不加针
	16 行	120 针青瓷色	
	13~15 行	120 针奶酪色	
	7~12 行	重复 1~6 行	
	6 行	120 针艾草绿	
	5 行	120 针薏米粉	
	4 行	120 针青瓷色	
	1~3 行	120 针奶酪色	
包底艾草绿色	11 行	120 针	+12 针
	10 行	108 针	+12 针
	9 行	96 针	+12 针
	8 行	84 针	+12 针
	7 行	72 针	+12 针
	6 行	60 针	不加针
	5 行	60 针	+12 针
	4 行	48 针	+12 针
	3 行	36 针	+12 针
	2 行	24 针	+12 针
	1 行	12 针	\

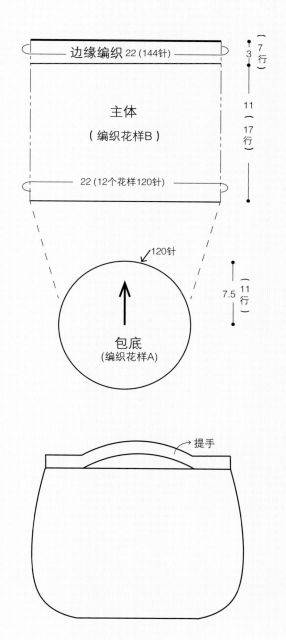

边缘编织 22（144针）

主体
（编织花样B）

22（12个花样120针）

120针

包底
（编织花样A）

提手

3　7
行

11（17行）

7.5　11行

提手

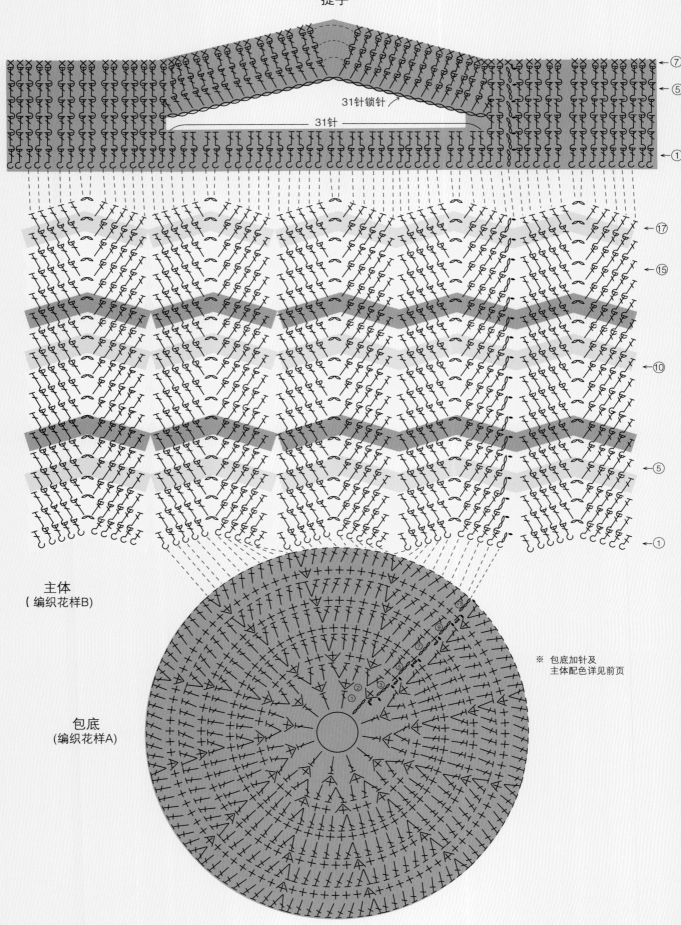

31针锁针

31针

← ⑦
← ⑤

← ①

← ⑰
← ⑮

← ⑩

← ⑤

← ①

主体
（编织花样B）

※ 包底加针及
　 主体配色详见前页

包底
(编织花样A)

蓝色宽松短背心

重雅点提示

● 钩出漂亮的阿兰花样。

● 平面花样与立体花样在同一
织片时需要注意针目高度和
平整度。

● 领子的钩织技巧。

● 衣片的接合。

● 合肩。

● 下摆、领口、袖口的挑针与
编织。

蓝色宽松短背心

材　　料	回归线·知友：海泡沫色 450g
工　　具	钩针 5/0（3.0mm）
成品尺寸	胸围 108cm，衣长 48cm
编织密度	10cm × 10cm 面积内：

编织花样 A 32.5 针，10 行

编织花样 B 24 针，10 行

编织方法

- 根据图解钩织后身片时，第 42 行同时钩领口花边。钩织前身片时，第 41 行同时钩领口花边。
- 胁边用引拔 + 锁针的方式在织物反面做拼接。
- 前、后身片肩部正面相对，在织物反面用钩针引拔缝合。
- 袖口和身片的边缘编织均环形编织。

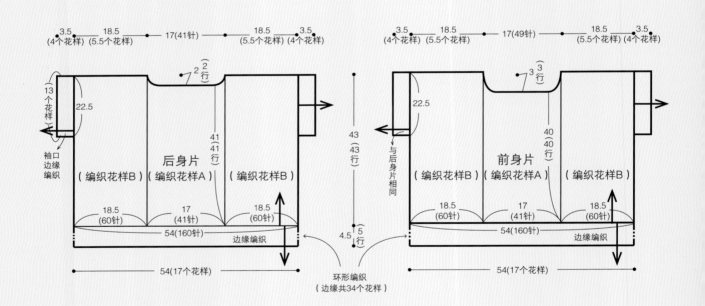

边缘编织（环形编织）

8针1个花

编织花样 A

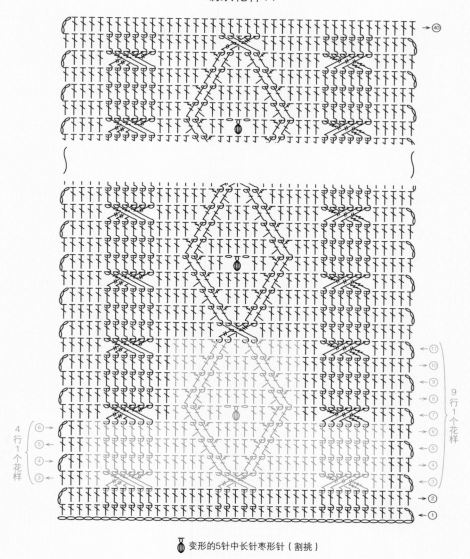

變形的5针中长针枣形针（割挑）

编织花样 B

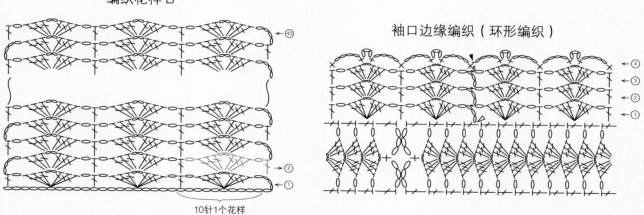

10针1个花样

袖口边缘编织（环形编织）

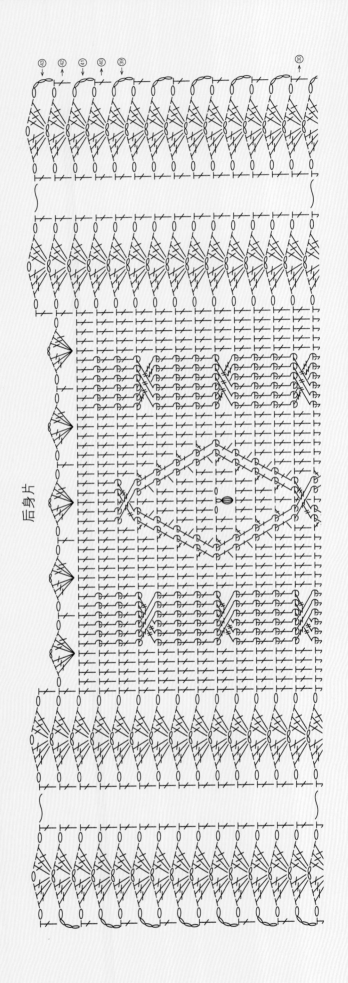

后身片

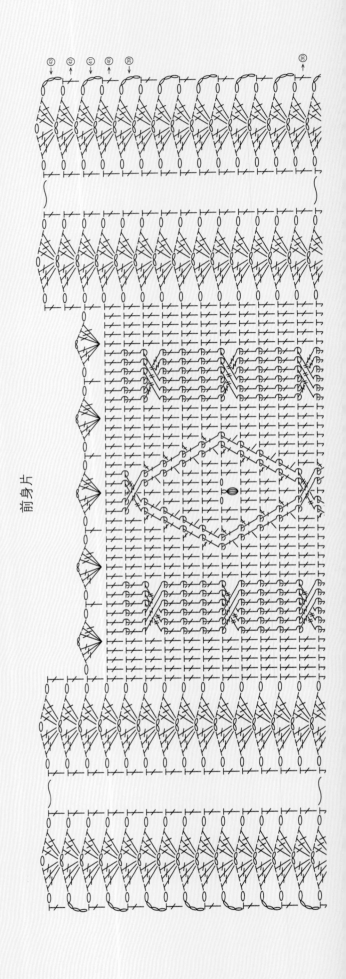

前身片

花片的拼接

花片的拼接

花片作为基础单元，通过巧妙地拼接可以组合出许多形状和造型。

练习目的
- 学习花片的钩织。
- 花片拼接的技巧。

钩织方法
- 锁针环形起针。

花片拼接方法

钩织第 1 个花片

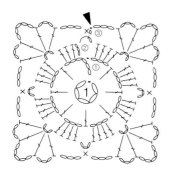

花片 1 图纸

◄ 断线

1 先按图解完成花片 1 的钩织，断线，藏好线头。

连接第 2 个花片

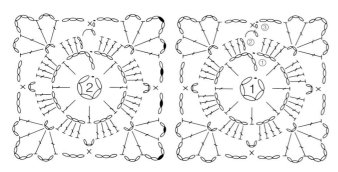

2 个花片的连接图

花片 2　　　　花片 1

2 第 2 个花片钩织到图示位置。

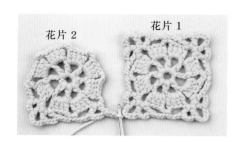

花片 2　　　　花片 1

3 继续钩织 2 针锁针，准备与花片 1 做连接。

花片 1

花片 2

4 拼接时，左手拿着花片 2，右手拿着花片 1，如图所示，将钩针从花片 1 的拼接位置束挑穿入。钩针挂线。

5 钩织 1 针引拔针，调整引拔针目的大小，使其跟锁针一致。

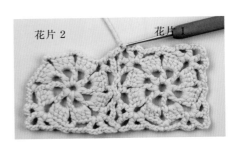

6 继续钩织2针锁针，完成这处的拼接。

7 用同样的方法继续拼接余下引拔位置。

8 完成这一侧的全部拼接。

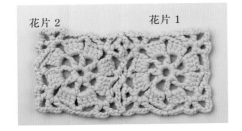

9 继续按图完成花片2，断线藏线头。

连接第3个花片

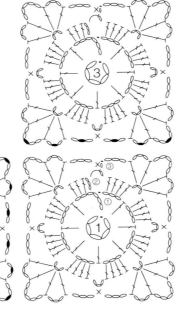

3个花片的连接图

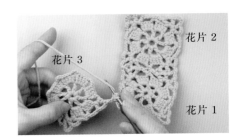

10 第3个花片按相同的方法钩织，先与第1个花片做拼接。花片3在左侧，花片1在右侧。

11 拼接到花片1和2的交点时，先钩2针锁针。

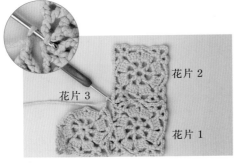

12 钩针从花片1和2的交点插入。

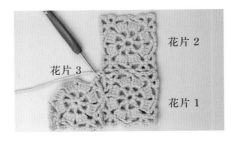

13 钩1针引拔针，完成此处拼接。

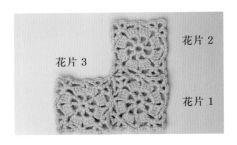

14 继续按图纸完成花片3，断线藏好线头。

连接第 4 个花片

4 个花片的连接图

15　第 4 个花片钩织到最后一圈时，按图示与花片 3 做拼接。

16　拼接到花片 1、2、3 的交点时，先钩 2 针锁针。

17　钩针还是从花片 1 和 2 的交点插入做引拔。

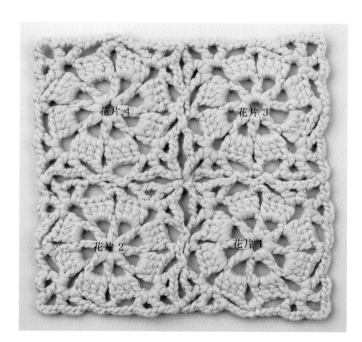

18　按图完成第 4 个花片，断线，藏线头。

19　花片拼接的反面效果。

课堂练习
花片拼接

花片杯套

重难点提示 ——

- 花片的配色。
- 花片与花片的拼接。

花片杯套

材　　料	回归线·心趣：详见配色与用量表，纽扣3个（直径1cm）
工　　具	钩针 4/0（2.5mm）
成品尺寸	长 19.5cm，宽 6.5cm
编织密度	单元花片：6.5cm × 6.5cm

编织方法

● 按图解钩织花片，边钩边拼接。

● 钉上纽扣。

配色与用量表

作品	毛线用量
A	艾草色 5g，栀子色 5g，茶白色 5g
B	海蓝色 5g，茶白色 5g，奶酪色 5g
C	奶酪色 5g，薏米粉色 5g，青瓷色 5g

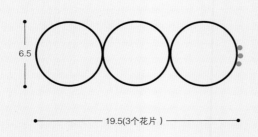

6.5

19.5(3个花片）

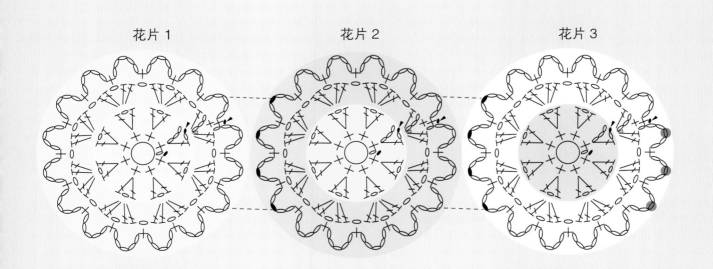

花片1　　　　　　　花片2　　　　　　　花片3

◀ 断线

◁ 接新线

● 纽扣

课后练习
花片拼接

花片领子

- 配色与纯色的组合设计。
- 花片拼接技巧。
- 花片的分散加针。

花片领子

材　料	回归线·晴语：叶绿色10g，荼白色40g
	珠扣1颗：直径1cm
工　具	钩针2/0（2.0mm）
成品尺寸	上宽55cm，下宽72cm，高9cm
编织密度	花片A：5cm×5cm
	花片B：6cm×6cm

编织方法

● 按图解钩织花片，边钩边拼接。

● 缝上珠扣。

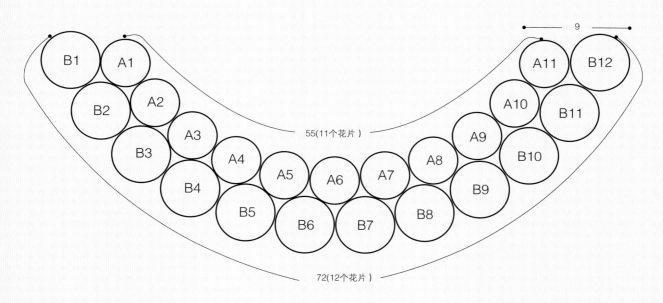

55(11个花片)

72(12个花片)

花片 A　　　　　　　　　　　　花片 B

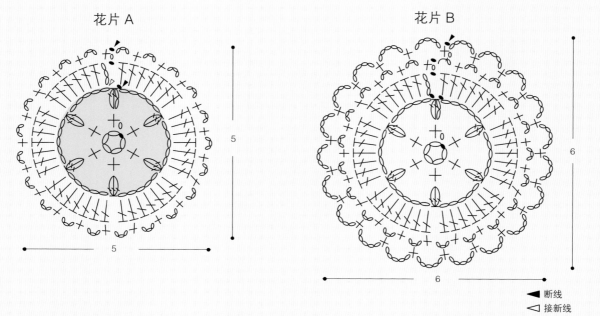

◀ 断线
◁ 接新线

拼花贝雷帽

重难点提示

- 花片的配色方式。
- 花片拼接顺序与拼接方法。
- 帽沿的钩织技巧。

拼花贝雷帽

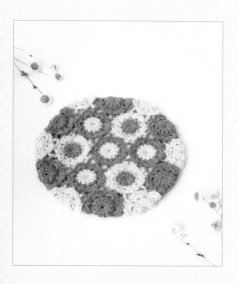

材 料	回归线·念羽：茶白色 25g，青藤色 25g
工 具	钩针 4/0（2.5mm）
成品尺寸	帽子头围 48cm，帽深 21cm
编织密度	花片：7cm × 7cm

编织方法

- 按花片序号钩织花片 1 ~ 19。
- 挑 216 针继续钩织帽沿边缘编织，完成作品。

花片排列图

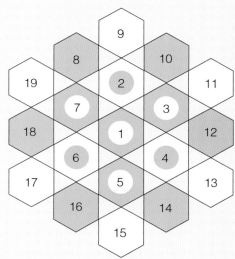

78（12个花片）

18.5（3个花片）

帽沿边缘编织

2.5（9行）

48（216针）

花片1、3、5、7　　　　　花片2、4、6、8

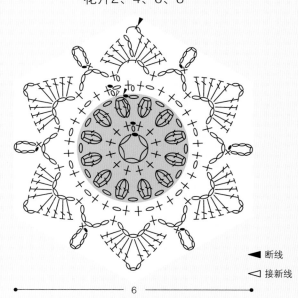

7

6　　　　　　　　6

► 断线

▷ 接新线

花片8、10、12、14、16、18   花片9、11、13、15、17、19

帽沿边缘编织

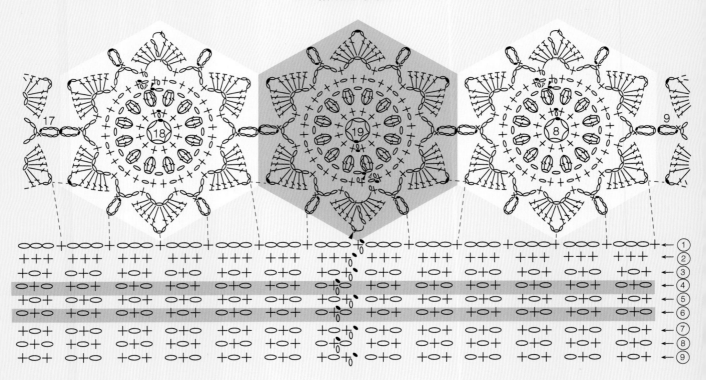

◀ 断线

◁ 接新线

针法符号一览表

基础针法		页码
⬭	锁针	10
╋(✕)	短针	13
⬬	引拔针	24
╤	长针	36

短针的变化针法		页码
╪	亩编 又称短针的棱针	15
╪	筋编 又称短针的条纹针	16
∼╋	逆短针 又称倒钩短针或反短针	17
⚭	扭短针	18
╋	加密短针	19
╋	十字短针	19

短针的减针		页码
⋀	2针短针并1针	20
⋔	2针短针并1针 (中间1针跳过)	20
⋔	3针短针并1针	21

短针的加针		页码
Ⅴ(Ⅴ)	1针放2针短针	22
Ⅴ	1针放3针短针	22
Ⅴ	1针放2针短针 (中间加1针锁针)	23

长针的变化针法		页码
╤	中长针	38
╤	长长针	38
╤	3卷长针	39

长针的减针		页码
⋀	2针长针并1针	40
⋔	3针长针并1针	40

长针的加针		页码
Ⅴ	1针放2针长针(割挑)	41
Ⅴ	1针放2针长针 (割挑,中间加1针锁针)	41
Ⅴ	1针放3针长针(割挑)	42
Ⅴ	1针放2针长针(束挑)	42
Ⅴ	1针放3针长针(束挑)	42
Ⅴ	1针放2针长针 (束挑,中间加1针锁针)	42